"非线性动力学丛书" 编委会

主　编　胡海岩

副主编　张　伟

编　委　（以汉语拼音为序）

陈立群　冯再春　何国威

金栋平　马兴瑞　孟　光

佘振苏　徐　鉴　杨绍普

周又和

非线性动力学丛书 29

平面非光滑系统全局动力学的 Melnikov 方法及应用

Melnikov Method and Its Applications of Global Dynamics for Planar Non-smooth Systems

李双宝 张 伟 著

科学出版社

北 京

内 容 简 介

本书全面介绍平面非光滑系统全局动力学分析的 Melnikov 方法及应用. 本书主要包括: 平面非光滑系统同宿轨道和次谐轨道的 Melnikov 方法, 平面非光滑混合系统同宿轨道和异宿轨道的 Melnikov 方法, 平面双边刚性约束非线性碰撞系统全局动力学的 Melnikov 方法和平面非光滑振子的混沌抑制等. 本书发展的解析分析方法具有几何直观、Melnikov 函数形式简单、易于工程应用的特点. 本书通过与光滑系统的 Melnikov 方法的比较, 展示了为突破系统非光滑而引入的新概念和摄动技术, 通过多个实例验证了发展的 Melnikov 方法在平面非光滑非自治系统全局动力学分析及混沌抑制中的有效性, 极大地丰富了非光滑系统全局动力学的分析方法, 可以引导读者尽快进入本领域的前沿.

本书可供数学、力学、机械、物理、航空航天、土木工程等专业的研究生和教师使用.

图书在版编目(CIP)数据

平面非光滑系统全局动力学的 Melnikov 方法及应用/李双宝，张伟著. — 北京：科学出版社，2022.1
(非线性动力学丛书; 29)
ISBN 978-7-03-070581-5

Ⅰ.①平… Ⅱ.①李… ②张… Ⅲ.①动力系统 (数学) Ⅳ.①O19

中国版本图书馆 CIP 数据核字(2021)第 232111 号

责任编辑: 胡庆家　贾晓瑞 / 责任校对: 彭珍珍
任印制: 吴兆东 / 封面设计: 陈　敬

科学出版社 出版
北京东黄城根北街 16 号
邮政编码: 100717
http://www.sciencep.com
北京虎彩文化传播有限公司 印刷
科学出版社发行　各地新华书店经销
*
2022 年 1 月第 一 版　开本: 720×1000　B5
2022 年 1 月第一次印刷　印张: 11 1/4　插页: 2
字数: 230 000
定价: **88.00 元**
(如有印装质量问题, 我社负责调换)

"非线性动力学丛书"序

真实的动力系统几乎都含有各种各样的非线性因素,诸如机械系统中的间隙、干摩擦,结构系统中的材料弹塑性、构件大变形,控制系统中的元器件饱和特性、变结构控制策略等。实践中,人们经常试图用线性模型来替代实际的非线性系统,以方便地获得其动力学行为的某种逼近。然而,被忽略的非线性因素常常会在分析和计算中引起无法接受的误差,使得线性逼近成为一场徒劳。特别对于系统的长时间历程动力学问题,有时即使略去很微弱的非线性因素,也会在分析和计算中出现本质性的错误。

因此,人们很早就开始关注非线性系统的动力学问题。早期研究可追溯到1673年Huygens对单摆大幅摆动非等时性的观察。从19世纪末起,Poincaré,Lyapunov,Birkhoff,Andronov,Arnold和Smale等数学家和力学家相继对非线性动力系统的理论进行了奠基性研究,Duffing,van der Pol,Lorenz,Ueda等物理学家和工程师则在实验和数值模拟中获得了许多启示性发现。他们的杰出贡献相辅相成,形成了分岔、混沌、分形的理论框架,使非线性动力学在20世纪70年代成为一门重要的前沿学科,并促进了非线性科学的形成和发展。

近20年来,非线性动力学在理论和应用两个方面均取得了很大进展。这促使越来越多的学者基于非线性动力学观点来思考问题,采用非线性动力学理论和方法,对工程科学、生命科学、社会科学等领域中的非线性系统建立数学模型,预测其长期的动力学行为,揭示内在的规律性,提出改善系统品质的控制策略。一系列成功的实践使人们认识到:许多过去无法解决的难题源于系统的非线性,而解决难题的关键在于对问题所呈现的分岔、混沌、分形、孤立子等复杂非线性动力学现象具有正确的认识和理解。

近年来,非线性动力学理论和方法正从低维向高维乃至无穷维发展。伴随着计算机代数、数值模拟和图形技术的进步,非线性动力学所处理的问题规模和难度不断提高,已逐步接近一些实际系统。在工程科学界,以往研究人员对于非线性问题绕道而行的现象正在发生变化。人们不仅力求深入分析非线性对系统动力学的影响,使系统和产品的动态设计、加工、运行与控制满足日益提高的运行速度和精度需求,而且开始探索利用分岔、混沌等非线性现象造福人类。

在这样的背景下,有必要组织在工程科学、生命科学、社会科学等领域中从事非线性动力学研究的学者撰写一套"非线性动力学丛书",着重介绍近几年来非线性动力学理论和方法在上述领域的一些研究进展，特别是我国学者的研究成果，为从事非线性动力学理论及应用研究的人员，包括硕士研究生和博士研究生等，提供最新的理论、方法及应用范例。在科学出版社的大力支持下，我们组织了这套"非线性动力学丛书"。

本套丛书在选题和内容上有别于郝柏林先生主编的"非线性科学丛书"(上海教育出版社出版)，它更加侧重于对工程科学、生命科学、社会科学等领域中的非线性动力学问题进行建模、理论分析、计算和实验。与国外的同类丛书相比，它更具有整体的出版思想，每分册阐述一个主题，互不重复。丛书的选题主要来自我国学者在国家自然科学基金等资助下取得的研究成果，有些研究成果已被国内外学者广泛引用或应用于工程和社会实践，还有一些选题取自作者多年的教学成果。

希望作者、读者、丛书编委会和科学出版社共同努力，使这套丛书取得成功。

胡海岩

2001 年 8 月

前　言

在实际工程系统中往往存在着碰撞、冲击、干摩擦、变刚度等大量的非光滑因素, 需要通过分段光滑甚至是不连续动力系统描述真实的物理过程. 系统向量场的不可微性甚至不连续性带来的强非线性和奇异性, 使得经典的光滑动力系统理论往往不再适用, 因此发展非光滑系统动力学的理论尤为必要.

发展全局摄动方法研究非光滑系统全局分岔和混沌动力学的机理一直是国内外非线性动力学与控制领域的前沿课题, 也是科研难题. 目前国内外还没有专门讨论非光滑系统同宿或异宿分岔的全局动力学的专著, 大部分的研究结果散落在文献中. 已有的利用指数二分法和变分技术推导 Melnikov 函数的过程非常复杂, 即使降维到二维平面系统也缺少几何直观性, 不容易被应用解决实际工程问题.

本书是在全面介绍当前非光滑系统全局动力学研究进展的基础上, 结合作者近年来在平面非光滑系统全局动力学的 Melnikov 方法方面取得的研究成果, 汇总而成的. 本书通过与光滑系统的 Melnikov 方法的比较, 展示了为突破系统非光滑而引入的新概念和巧妙的摄动技术. 本书发展的解析分析方法具有几何直观、Melnikov 函数形式简单、易于工程应用的特点. 为了方便初学者阅读和学习, 本书第 2 章对平面光滑系统同宿和次谐轨道的 Melnikov 方法进行了简单的介绍, 特别是增加了利用留数定理计算 Melnikov 函数无穷限积分的详细计算过程. 本书通过与光滑系统的 Melnikov 方法的比较, 展示了为突破系统非光滑而引入的切换流形、非光滑同宿和异宿及次谐轨道、碰撞映射、转移矩阵、非光滑稳定流形、非光滑不稳定流形等新概念和非光滑全局摄动技术, 通过多个分段光滑甚至混合系统的实例验证了发展的 Melnikov 方法在平面非光滑非自治系统全局动力学分析及混沌抑制中的有效性, 极大地丰富了非光滑系统全局动力学的分析方法, 可以引导读者尽快进入本领域的研究前沿.

本书在撰写过程中, 特别要感谢已经毕业的硕士研究生申超、马文赛、宫晓俊、赵帅贝、马茜茜为本书的内容所作出的努力和贡献, 本书部分章节素材来自他们的硕士研究生学位论文; 也非常感谢吴洪磊、王婷婷、周新星、孙冉、陈金镯为本书的校稿提供大量的帮助. 最后感谢科学出版社胡庆家编辑对本书出版所给予的支持和帮助.

本书的出版得到了国家自然科学基金项目 (12172376, 11672326, 11832002 和 11427801) 等的支持, 在此深表谢意.

此外, 本书参考了国内外同行学者的一些论文和专著, 无法一一列举, 在此一并表示感谢.

由于作者水平有限, 书中疏漏之处在所难免, 恳请广大读者批评指正.

作 者

2022 年 1 月于天津

目　　录

第 1 章　绪　　论

1.1　非光滑系统的研究背景与意义

力学、航空航天和机械等实际工程系统中, 存在着大量的非光滑因素, 例如, 碰撞、冲击、干摩擦、变刚度、间隙、控制系统的切换等 (Brogliato, 1999). 由于非光滑因素的存在, 即使简单的分段线性系统, 也会表现出强非线性特性, 会有复杂的非线性动力学现象 (Shaw and Holmes, 1983; Hu, 1995). 机械工程领域最早开始研究非光滑系统的工作见文献 (Den Hartog, 1930, 1931), 其非光滑来自系统的库仑摩擦力, 后来也被称为干摩擦. 之后非光滑系统动力学逐渐引起了各领域研究者的广泛关注.

首先从数学理论上, 1964 年 Filippov 在研究干摩擦振子的振动时, 提出了不连续微分方程, 开拓性地引入了集值形式的微分包含来描述系统在切换流形上的滑动运动, 进一步讨论了此类系统解的存在性和唯一性等适定性问题, 初步奠定了非光滑系统动力学的理论基础 (Filippov, 1964). 更深入完整的研究结果见 Filippov 的专著 (Filippov, 1988). 1965 年, Andronov 等最早研究了非光滑系统平衡点的分岔问题 (Andronov et al., 1965). 1974 年, Aizerman 和 Pyatnitskii 推广了 Filippov 的概念, 发展了不连续系统的理论 (Aizerman and Pyatnitskii, 1974a, 1974b). 1976 年, Utkin 研究了具有滑动模态的变结构系统, 提出利用非光滑性控制动力系统的方法, 也被称为滑模控制 (Utkin, 1976). 自 20 世纪 80 年代以来, 随着动力系统理论研究的深入发展, 人们也越来越关注非光滑因素的影响, 这使得非光滑系统的动力学与控制引起了广泛的研究兴趣.

1990 年, Popp 和 Stelter 在专著中详细地研究了由干摩擦诱导的结构非线性振动问题 (Popp and Stelter, 1990). 1994 年 Goldman 和 Muszynska 研究了具有间隙和碰撞力学机构的有序和混沌运动 (Goldman and Muszynska, 1994). 1994 年, Feigin 研究了不连续非线性系统的受迫振动 (Feigin, 1994). 非光滑动力系统既有类似于光滑动力系统的倍周期分岔、混沌现象, 又有非光滑系统特有的擦边分岔 (Nordmark, 1991; Di Bernardo et al., 2001a)、角点碰撞分岔 (Di Bernardo et al., 2001b)、滑动分岔 (Di Bernardo et al., 2002)、簇发振荡的非光滑分岔 (Zhang et al., 2015) 等.

2000 年, Kunze 在专著中从数学角度详细地介绍了非光滑动力系统的一些基本理论, 包括解的存在唯一性、有界解、无界解、周期解、拟周期解以及 Lyapunov

指数等基本理论 (Kunze, 2000). 2000 年, Leine 等利用 Filippov 理论对非线性不连续系统的分岔进行了详细的介绍 (Leine et al., 2000). 之后出现了许多讨论非光滑系统分岔的专著. 2003 年, Zhusubalyev 和 Mosekilde 在其专著中研究了控制和电子领域中分段光滑系统的分岔和混沌 (Zhusubalyev and Mosekilde, 2003). 2004 年, Leine 和 Nijmeijer 在其专著中介绍了非光滑力学系统的分岔和动力学 (Leine and Nijmeijer, 2004); 2004 年, 罗冠炜和谢建华在专著中详细地介绍了碰撞振动系统的周期运动和分岔 (罗冠炜和谢建华, 2004). 2008 年, Di Bernardo 等在其专著中详细地介绍了分段光滑系统的定性理论, 特别是发展了由系统不连续诱导分岔的分析技术 (Di Bernardo et al., 2008).

    非光滑动力系统的理论研究既可以揭示系统发生分岔、混沌等复杂运动的机理, 又对工程结构和机械系统的动态优化设计, 大型复杂系统的安全性、可靠性和工业噪声控制等问题的解决, 具有重要理论指导意义和广阔的应用前景. 向量场的非光滑性, 使得光滑系统中研究非线性动力学与分岔的传统方法不再适用, 需要从理论上探究一些分析非光滑系统动力学与分岔的新方法, 因此在理论研究上具有很大的挑战性. 目前研究成果主要集中在非光滑系统的局部分岔, 而在非光滑系统的全局分岔和混沌动力学方面的研究成果相对较少. 非光滑系统的全局分岔和混沌动力学的研究方法主要是推广光滑系统的经典 Melnikov 方法. 本书主要对近年来非光滑系统全局动力学 Melnikov 方法的研究进展进行全面的综述比较, 特别地介绍了本书作者在非光滑系统全局动力学 Melnikov 方法的研究工作, 突出发展的 Melnikov 方法具有几何直观性以及在工程计算方面的优势.

1.2   非光滑系统的分类及典型力学模型

    为了能在数学上精确地给出非光滑系统的分类, 我们在相空间 $\mathbb{R}^n$ 中假定一个常值函数 $h : \mathbb{R}^n \to \mathbb{R}$, $h \in C^r(\mathbb{R}^n, \mathbb{R})$, $r \geqslant 1$ 定义一个曲面 Σ, 也被称为切换流形 (switching manifold), 这个曲面把相空间 $\mathbb{R}^n$ 分成两个开的且不相交的子集 V_- 和 V_+, 即 $\mathbb{R}^n = V_- \cup \Sigma \cup V_+$. 则子集 V_-, V_+ 和曲面 Σ 分别能用公式表述为

$$V_- = \{x \in \mathbb{R}^n \mid h(x) < 0\},$$
$$\Sigma = \{x \in \mathbb{R}^n \mid h(x) = 0\},$$
$$V_+ = \{x \in \mathbb{R}^n \mid h(x) > 0\}.$$

切换流形 Σ 的法向量记为

$$\mathbf{n} = \mathbf{n}(x) = \mathbf{grad}\,(h(x)) = \left(\frac{\partial h}{\partial x_1}, \frac{\partial h}{\partial x_2}, \cdots, \frac{\partial h}{\partial x_n} \right), \quad x \in \Sigma. \tag{1.1}$$

假设向量值函数 $f^-(t,x) : \mathbb{R} \times \mathbb{R}^n \to \mathbb{R}^n$ 在 $V_- \cup \Sigma$ 是连续可微的, $f^+(t,x) :$ $\mathbb{R} \times \mathbb{R}^n \to \mathbb{R}^n$ 在 $V_+ \cup \Sigma$ 是连续可微的.

非光滑系统或**不连续系统**通常在文献中大量使用, 但往往没有明确说明系统的哪些属性被认为是**非光滑的**. 根据其不光滑程度, 非光滑系统可以分为三种类型, 每种类型均有典型的非光滑力学模型与之对应.

类型 I-非光滑连续系统 动力学方程的向量场连续但在切换流形上非光滑. 具有一个切换流形的抽象动力学方程如下所示:

$$\dot{x} = f(x,t) = \begin{cases} f^-(t,x), & x \in V_-, \\ f^- = f^+, & x \in \Sigma, \\ f^+(t,x), & x \in V_+, \end{cases} \tag{1.2}$$

满足 $Df^-(t,x) \neq Df^+(t,x), x \in \Sigma$.

类型 I 是最简单的非光滑系统, 任给初始条件 $x(0) = x_0$, 系统 (1.2) 的解都是存在且唯一的, 哪怕初始点 $x_0 \in \Sigma$. 纯弹性支撑的碰撞力学模型就是此类典型的系统.

例 1.1 通过对称压缩弹簧, 让一个质量块在杆上滑动, 当 $X = \pm a = \pm\sqrt{L^2 - l^2}$ 时, 弹簧处于原长状态. 利用几何非线性可以构造一个负刚度双稳态单边弹性碰撞振子, 如图 1.1(a) 所示.

在周期外激励和黏性阻尼作用下的动力学方程如下所示:

$$\begin{cases} m\ddot{X} + 2k_1 X \left(1 - \dfrac{L}{\sqrt{X^2 + l^2}} \right) = -\mu\dot{X} + A\cos(\Omega t), & X < a, \\ m\ddot{X} + 2k_1 X \left(1 - \dfrac{L}{\sqrt{X^2 + l^2}} \right) + k_2(X - a) = -\mu\dot{X} + A\cos(\Omega t), & X \geqslant a. \end{cases} \tag{1.3}$$

系统 (1.3) 经过导数降阶变换, 可以纳入类型 I 的框架. 其中该振子的弹性回复力表示为

$$f(X) = \begin{cases} 2k_1 X \left(1 - \dfrac{L}{\sqrt{X^2 + l^2}} \right), & X < a, \\ 2k_1 X \left(1 - \dfrac{L}{\sqrt{X^2 + l^2}} \right) + k_2(X - a), & X \geqslant a, \end{cases} \tag{1.4}$$

其在 $X = a$ 处连续但不可微. 令弹簧刚度系数 $k_1 = k_2 = 1$, 弹簧的原长 $L = 1$, 在原点初始压缩后弹簧长度 $l = 0.8$, 则在右侧 $a = 0.6$ 处发生弹性碰撞, 回复力如图 1.1(b) 所示.

类型 II-Filippov 系统 该类型动力学方程的向量场在切换流形上是不连续的, 即 $f^-(t,x) \neq f^+(t,x), x \in \Sigma$, 但系统的轨道关于时间是连续的. 此类系统精

确的描述需要集值形式的微分包含 (differential inclusion). 具有一个切换流形的抽象动力学方程如下所示:

$$\dot{x} \in F(t,x) = \begin{cases} f^-(t,x), & x \in V_-, \\ \overline{\text{co}}\{f^-, f^+\}, & x \in \Sigma, \\ f^+(t,x), & x \in V_+, \end{cases} \tag{1.5}$$

这里 $\overline{\text{co}}\{f^-, f^+\} = \{(1-q)f^- + qf^+, \forall q \in [0,1]\}$ 定义了向量场 f^- 和 f^+ 的凸组合.

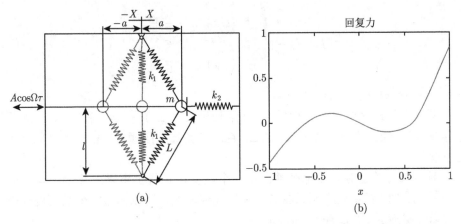

图 1.1　负刚度双稳态单边弹性碰撞振子: (a) 力学模型; (b) 连续非光滑的弹性回复力

注 1　对任意初始点 $x(0) = x_0 \in V_-$, 由向量场 $f^-(t,x)$ 的光滑性, 系统 (1.5) 的解 $x(t; 0, x_0)$ 是局部存在的. 一旦存在 T_1 使得 $x(T_1, 0, x_0) = x_1 \in \Sigma$, 则之后系统 (1.5) 的解如何发展完全依赖于 $f^-(t, x_1)$ 和 $f^+(t, x_1)$ 以及切换流形 Σ 的法向量 $\mathbf{n}(x_1)$, 甚至解的唯一性都可能会遭到破坏. 图 1.2 给出平面向量场的两种特殊情况: ① 系统的轨道横截穿过切换流形; ② 系统的轨道在切换流形上吸引滑动 (sliding).

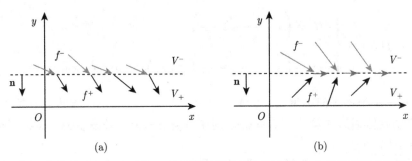

图 1.2　两类特殊的 Filippov 系统: (a) 轨道横截穿过切换流形; (b) 轨道在切换流形上吸引滑动

条件 1 系统的轨道横截穿过切换流形的必要条件:

$$\left[\mathbf{n}(x(t)) \cdot f^{-}(t, x(t))\right] \times \left[\mathbf{n}(x(t)) \cdot f^{+}(t, x(t))\right] > 0, \quad x(t) \in \Sigma. \tag{1.6}$$

按照图 1.2 给出切换流形的法向量, 在条件 1 的情况下, 无需在切换流形上进行凸组合, 轨道按向量场 f^{-} 到达切换流形, 然后以向量场 f^{+} 离开切换流形.

条件 2 系统的轨道在切换流形为吸引滑动的必要条件:

$$\mathbf{n}(x(t)) \cdot f^{-}(t, x(t)) > 0, \quad \mathbf{n}(x(t)) \cdot f^{+}(t, x(t)) < 0, \quad x(t) \in \Sigma. \tag{1.7}$$

按照图 1.2 给出切换流形的法向量, 在条件 2 的情况下, 在切换流形上的向量场为 $f = \beta f^{+} + (1-\beta)f^{-}$, 其中 $\beta = \mathbf{n} \cdot f^{-}/\mathbf{n} \cdot (f^{-} - f^{+})$.

具有黏弹性支撑或干摩擦的力学系统属于此类 Filippov 系统.

例 1.2 干摩擦振子 该振子的力学模型如图 1.3(a) 所示, 系统的运动微分方程为

$$M\ddot{X} + C\dot{X} + KX = P\sin(\Omega T) - F(V_{\text{rel}}), \tag{1.8}$$

其中 $V_{\text{rel}} = \dot{X} - V_c$ 表示物块相对传送带的速度.

Filippov 类型不连续摩擦力如图 1.3(b) 所示, 由如下的集值函数表示:

$$F(V_{\text{rel}}) = \begin{cases} -F_0, & V_{\text{rel}} < 0, \\ [-F_0, F_0], & V_{\text{rel}} = 0, \\ F_0, & V_{\text{rel}} > 0. \end{cases} \tag{1.9}$$

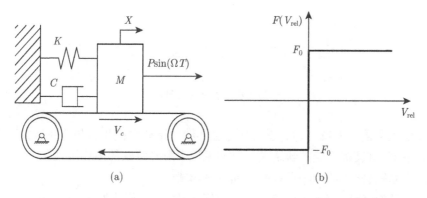

图 1.3 干摩擦振子: (a) 力学模型; (b)Filippov 类型不连续摩擦力

经过无量纲变换, 系统 (1.8) 可化为

$$\ddot{x} + \mu\dot{x} + x = \gamma\sin(\Omega T) - \text{Sign}(\dot{x}), \tag{1.10}$$

这里

$$\operatorname{Sign}(\dot{x}) = \begin{cases} -1, & \dot{x} < 0, \\ [-1,1], & \dot{x} = 0, \\ 1, & \dot{x} > 0. \end{cases} \tag{1.11}$$

在不考虑黏性阻尼 ($\mu = 0$) 和外激励 ($\gamma = 0$) 的情况下, 系统 (1.10) 在切换流形 $\Sigma = \{(x,y)|y=0\}$ 两侧的动力学方程可化为

$$\begin{cases} \dot{x} = y, \\ \dot{y} = -x + 1, \end{cases} \quad y < 0; \quad \begin{cases} \dot{x} = y, \\ \dot{y} = -x - 1, \end{cases} \quad y > 0. \tag{1.12}$$

通过研究切换流形的法向和它两侧的向量场知道, 系统的轨道均收敛于闭区间 $[-1,1]$, 其相图如图 1.4 所示.

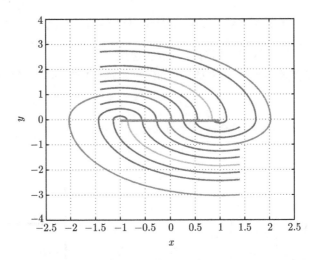

图 1.4   系统的相图

类型 III-混合系统   动力学方程是由连续的微分方程和离散的映射共同组成的混合系统, 这使得系统的轨道关于时间表现出瞬时跳跃的不连续性.

此类系统进一步细分, 可以有下面两种形式:

混合系统 (1)   系统的轨道与切换流形碰撞后反弹回来. 具有一个切换流形的抽象动力学方程如下所示:

$$\dot{x} = \begin{cases} f(t,x), & x \in V, \ x \notin \Sigma, \\ x(t_+) = R(x(t_-)), & x \in \Sigma. \end{cases} \tag{1.13}$$

混合系统 (2) 系统的轨道与切换流形碰撞后在切换流形上发生瞬间跳跃,然后穿越切换流形继续前进. 具有一个切换流形的抽象动力学方程如下所示:

$$\dot{x} = f(x,t) = \begin{cases} f^-(t,x), & x \in V_-, \\ x(t_+) = R(x(t_-)), & x \in \Sigma, \\ f^+(t,x), & x \in V_+. \end{cases} \tag{1.14}$$

混合系统 (1) 和 (2) 中的映射 $R: \Sigma \to \Sigma$ 用来描述轨道在切换流形上的碰撞规律.

下面给出两类混合系统的力学模型, 如图 1.5 所示.

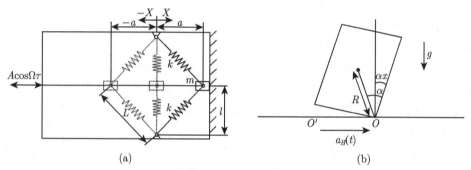

(a)　　　　　(b)

图 1.5　混合系统: (a) 一个负刚度双稳态单边碰撞模型, 属于混合系统 (1) 类; (b) 一个细长摆块碰撞模型, 属于混合系统 (2) 类

在周期外激励和黏性阻尼作用下, 图 1.5(a) 是一个负刚度双稳态单边碰撞模型, 其动力学方程如下所示:

$$\begin{cases} m\ddot{X} + 2kX\left(1 - \dfrac{L}{\sqrt{X^2+l^2}}\right) = -\mu\dot{X} + A\cos(\Omega t), & X < a, \\ \dot{X}(t_+) = -r\dot{X}(t_-), & X = a. \end{cases} \tag{1.15}$$

在周期外激励和黏性阻尼作用下, 图 1.5(b) 是一个细长的摆块碰撞模型, 简化后的无量纲的动力学方程如下所示 (Granados et al., 2012):

$$\begin{cases} \ddot{x} - x - 1 = -\mu\dot{x} + A\cos(\Omega t), & x < 0, \\ \dot{x}(t_+) = r\dot{x}(t_-), & x = 0, \\ \ddot{x} - x + 1 = -\mu\dot{x} + A\cos(\Omega t), & x > 0. \end{cases} \tag{1.16}$$

混合系统 (1.15) 和 (1.16) 中的 $0 < r < 1$ 是描述碰撞导致能量耗散的系数.

1.3　非光滑系统全局动力学 Melnikov 方法的研究进展

1963 年, 苏联学者 Melnikov 在研究保守系统同宿轨道和异宿轨道受扰动后破裂时, 提出了一种度量扰动后稳定流形与不稳定流形距离的方法, 后来被称为 Melnikov 方法 (Melnikov, 1963). 该方法的核心思想是研究相应二维 Poincaré 映射的横截同宿点. 1964 年, Arnold 把 Melnikov 方法推广到两个自由度完全可积 Hamilton 系统, 建立了 Arnold 扩散理论 (Arnold, 1964). 此后在十几年的时间里, Melnikov 方法没有得到进一步的发展. 直到 1979 年, Holmes 用 Melnikov 方法分析了受迫 Duffing 方程 (Holmes, 1979), 之后 Menikov 方法成为一种研究二维光滑非自治系统全局分岔和混沌动力学的经典解析方法, 这方面有经典的专著 (Guckenheimer and Holmes, 1983), 高维光滑系统全局动力学解析方法方面有 Wiggins 的专著 (Wiggins, 1988).

近年来, 非光滑动力系统由于其重要性, 吸引了众多研究者的关注. 许多学者在非光滑系统全局分岔和混沌动力学方面做出了诸多努力, 并取得了一些具有代表性的成果. 推广非光滑系统 Melnikov 方法的研究也成为动力学与控制领域近年来的热点之一.

对于非光滑轨道横截穿过切换流形的简单情形, 2000 年, Kunze 在其专著的第 8 章通过一个例子简单地介绍了平面不连续系统的 Melnikov 方法的基本思路, 最先提出了将 Melnikov 方法推广到周期扰动下的平面不连续系统中的想法, 但没有给出详细的证明过程 (Kunze, 2000). 2007 年, Kukučka 推广了经典 Melnikov 方法并导出了平面非光滑系统的 Melnikov 函数 (Kukučka, 2007). 2013 年, Shi 等通过研究 Kunze 在其专著第 8 章中的例子, 对推导 Melnikov 函数的过程给出了具体证明 (Shi et al., 2013). 以上推导出的非光滑系统 Melnikov 函数均含有系统不连续性产生的差分项, 不易计算.

2005 年, Du 和 Zhang 研究了一类周期外激励作用下的倒立摆与刚性墙面碰撞的非线性碰撞振子模型, 将经典的 Melnikov 函数推广到高阶, 提出了在碰撞情况下非线性系统同宿轨道维持的条件 (Du and Zhang, 2005). 2009 年, Xu 等进一步选取不同的横截面, 研究了此类周期外激励作用下的非线性碰撞振子模型的 Melnikov 函数和混沌动力学 (Xu et al., 2009). 以上两种解析方法很好地预测了碰撞与外激励共同作用下同宿轨道发生横截相交产生混沌的参数域. 2006 年, Cao 等提出了一类具有手掌状混沌吸引子的 SD 振子, 其具有非光滑和不连续的几何非线性特征 (Cao et al., 2006), 并通过分段线性逼近和 Melnikov 方法解析地研究了 SD 振子的全局分岔和混沌动力学 (Cao et al., 2008). 2012 年, Granados 等利用映射描述了轨道在切换流形上的碰撞规律, 发展了一类分段光滑 Hamilton

系统在弱周期扰动下的次谐轨道和异宿轨道的 Melnikov 方法 (Granados et al., 2012). 2015 年, Gao 和 Du 研究了拟周期扰动下一类具有双侧刚性约束的非线性倒立摆的同宿分岔问题, 得到了相应的 Melnikov 函数, 给出扰动系统的稳定和不稳定流形横截相交的条件 (Gao and Du, 2015). Tian 等进一步推广 Melnikov 方法, 研究了非光滑摆与刚性面碰撞时在不同脉冲激励下的混沌阈值 (Tian et al., 2016a, 2016b, 2020).

一些学者利用同宿轨道变分方程解的结构和指数二分法, 在高维非光滑系统的同宿分岔理论方面做出了许多重要的结果. 2007 年, Awrejcewicz 和 Holicke 在专著中介绍了光滑和非光滑高维混沌和 Melnikov 方法 (Awrejcewicz and Holicke, 2007). 2008 年, 利用指数二分法和复杂的变分技术, Battelli 和 Fečkan 给出一类高维不连续系统的 Melnikov 方法, 考虑周期性扰动, 证明横截同宿点和同宿轨道的存在性, 从而证明该非光滑系统出现了混沌现象 (Battelli and Fečkan, 2008). 2010 年, 考虑未扰动系统的同宿轨道有一部分在切换流形上滑动时, Battelli 和 Fečkan 研究了滑动同宿轨道在周期摄动下的保持性, 得到了 Melnikov 函数 (Battelli and Fečkan, 2010). 2011 年, Battelli 和 Fečkan 证明了不连续系统的混沌行为 (Battelli and Fečkan, 2011). 2012 年, Battelli 和 Fečkan 对不连续系统的 Melnikov 方法给出了综述 (Battelli and Fečkan, 2012). Battelli 和 Fečkan 发展的高维非光滑系统的数学理论很完美, 但即使降维到二维平面系统, 整个结果的推导过程也缺少几何直观性, 且 Melnikov 函数过于复杂, 因此在解决实际非光滑系统同宿分岔问题时并不适用.

2014 年, Li 等给出了一类平面不连续系统全局分岔的 Melnikov 方法. 假设未扰动系统是一个分段 Hamilton 系统, 且未扰动系统的同宿轨道两次横截穿过切换流形, 然后利用 Hamilton 函数度量扰动后稳定流形和不稳定流形之间的距离, 并通过一个巧妙的摄动技巧和引入转移矩阵得到了完全是积分表达形式的 Melnikov 函数. 它的形式简单且具有几何直观性, 易于工程应用 (Li et al., 2014). 2015 年, Li 等发展了一类分段光滑系统的 Melnikov 方法, 并利用它研究了一类分段线性系统的同宿分岔和混沌动力学 (Li et al., 2015b). 2016 年, Li 等发展了平面非光滑异宿轨道横截穿过两个切换流形的情况的一阶 Melnikov 函数, 可以研究周期扰动和碰撞共同作用下异宿轨道的保持性 (Li et al., 2016b). 之后 Li 等发展了一类平面混合分段光滑非自治系统同宿分岔的 Melnikov 方法, 该方法在切换流形上通过重置映射来描述碰撞规律 (Li et al., 2016a). 2017 年, Li 等假设未扰动系统是具有非零迹的更一般分段光滑系统, 当轨道到达切换流形在进入另一个区域之前, 存在一个定义在切换流形上的重置映射用来描述轨道在切换流形上的瞬间碰撞规律, 通过一系列几何和摄动分析, 发展了非光滑系统的全局分岔和混沌动力学的 Melnikov 方法, 得到的 Melnikov 函数具有很好的几何直观性 (Li et al.,

2017). 2019 年, Li 等推广了一类具有两个切换流形的平面分段光滑系统次谐周期轨道的 Melnikov 方法 (Li et al., 2019). 2020 年, Li 等研究了一类平面分段光滑振子的同宿混沌控制方法, 通过对非光滑 Melnikov 函数稍加修改, 使其简单零点消失, 得到混沌控制的参数条件, 并通过研究具体的分段光滑系统验证同宿混沌控制方法的有效性 (Li et al., 2020). 2021 年, Li 等利用简便的摄动技术在不需要考虑轨道在切换流形附近延拓的情形下, 推导了一类双稳态双边弹性碰撞振子的 Melnikov 函数 (Li et al., 2021a). Li 等基于 Cao 等 (2006) 提出的 SD 振子设计了一类新的具有双边刚性约束的双稳态碰撞振子, 借鉴 Granados 等 (2012) 中的方法来避免解的延拓, 推导出了具有简单形式的非光滑碰撞系统的一阶 Melnikov 函数, 同时通过严格的摄动分析推导出了时间趋于无穷时轨道的 Hamilton 能量差. 通过数值分析和实验验证了发展的 Melnikov 方法分析这类碰撞振子的全局分岔和混沌动力学是有效的 (Li et al., 2021b).

1.4　本书的主要内容和结构安排

本书是在全面综述目前非光滑系统全局动力学研究进展的基础上, 结合作者近年来在平面非光滑非自治系统全局动力学的 Melnikov 方法方面取得的研究成果, 汇总而成的. 本书内容主要包括平面非光滑系统同宿轨道和次谐轨道的 Melnikov 方法, 平面非光滑混合系统同宿轨道和异宿轨道的 Melnikov 方法, 平面双边刚性约束非线性碰撞系统全局动力学的 Melnikov 方法和平面非光滑振子的混沌抑制等.

第 2 章对平面光滑系统同宿轨道和次谐轨道的经典 Melnikov 方法进行简单的介绍, 详细地计算了 Duffing 振子未扰动系统的同宿轨道、周期轨道和它们相应的 Melnikov 函数. 特别地, 为了方便初学读者阅读和学习, 本章对利用留数定理计算 Melnikov 函数的无穷积分部分给出详细的计算过程.

第 3 章介绍推广的平面非光滑系统同宿轨道的 Melnikov 方法. 首先给出平面非光滑系统解的定义. 然后考虑具有一个切换流形的平面非光滑甚至不连续系统, 假设未扰动系统是一个分段 Hamilton 系统, 且它的分段光滑同宿轨道两次横截穿过切换流形. 最后利用 Hamilton 函数度量扰动后稳定流形和不稳定流形之间的距离, 并通过一个有效的摄动技巧和引入转移矩阵得到完全是积分表达形式的 Melnikov 函数. 整个 Melnikov 方法的推广过程坚持几何直观性, 所获得的 Melnikov 函数形式简单, 物理意义清晰, 易于工程应用. 最后通过一个具体分段光滑系统的理论分析和数值模拟验证了同宿轨道 Melnikov 方法的有效性.

第 4 章介绍推广的具有两个切换流形的平面非光滑周期激励系统次谐轨道的 Melnikov 方法. 本章通过选取合适的截面, 构造 Poincaré 映射给出了非光滑系统次谐轨道的定义和 Melnikov 函数, 对次谐周期轨道的存在性及保持性给出了初值条件和参数的估计. 最后通过一个非光滑振子的理论分析和数值模拟验证了次谐轨道 Melnikov 方法的有效性.

第 5 章和第 6 章介绍推广的平面非光滑混合系统同宿和异宿轨道的 Melnikov 方法. 该方法在切换流形上通过映射来描述系统的碰撞规律, 可以研究周期扰动和碰撞共同作用下的同宿或异宿分岔和混沌动力学. 最后通过多个具体的分段光滑系统的理论分析和数值模拟, 进一步验证了发展的 Melnikov 方法在分析非光滑混合系统全局分岔和混沌动力学的有效性.

第 7 章介绍构建的一类新的具有双边刚性约束碰撞的双稳态振子, 然后通过映射来描述系统的碰撞规律, 在不需要考虑轨道在切换流形附近延拓的情况下, 利用简便的摄动技术推广了该类非线性振子周期扰动和碰撞共同作用下的全局分岔和混沌动力学的 Melnikov 方法, 数值模拟和实验进一步验证了本章解析方法的有效性.

第 8 章介绍一类平面分段光滑振子的同宿混沌控制方法. 该方法的基本思想是通过附加控制项对非光滑系统的 Melnikov 函数稍加修改, 使其简单零点消失. 本章主要内容包括非光滑系统同宿混沌的状态反馈控制方法、自适应控制方法和参数激励控制方法及应用.

第 2 章 平面光滑系统同宿和次谐轨道的 Melnikov 方法

本章对平面光滑周期摄动系统的同宿轨道和次谐轨道的 Melnikov 方法以及它们之间的联系进行比较系统性的介绍, 特别详细地计算了具有负线性刚度一般形式的 Duffing 振子未扰动系统的同宿轨道、周期轨道和它们相应的 Melnikov 函数. 为了方便初学读者阅读和学习, 本章重点对利用留数定理计算 Melnikov 函数的无穷限积分部分给出详细的计算和估计过程. 本章主要内容来源于 Guckenheimer 和 Holmes 的专著的 4.5 节 (Guckenheimer and Holmes, 1983).

2.1 平面光滑系统同宿轨道的 Melnikov 方法

2.1.1 经典的同宿轨道 Melnikov 方法

考虑平面非自治系统

$$\dot{x} = f(x) + \varepsilon g(x,t), \tag{2.1}$$

这里 $x = (u,v)^{\mathrm{T}} \in \mathbb{R}^2$, $f(x) = (f_1(x), f_2(x))^{\mathrm{T}}$, $g(x,t) = (g_1(x,t), g_2(x,t))^{\mathrm{T}}$ 均是有定义且充分光滑的函数, 不妨假设 $f(x) \in C^r(\mathbb{R}^2, \mathbb{R}^2), g(x,t) \in C^r(\mathbb{R}^2 \times \mathbb{R}, \mathbb{R}^2), r \geqslant 2$ 且在有界集上有界. $\varepsilon(0 < \varepsilon \ll 1)$ 为小参数, 扰动项 $g(x,t)$ 为时间 t 的周期函数, 最小正周期设为 T. 为了进一步简化分析, 假设 $f(x)$ 是由 Hamilton 函数 $H(x)$ 定义的向量场, 但需要注意这并不是必要的.

系统 (2.1) 等价的三维自治系统 (suspended system) 为

$$\begin{cases} \dot{x} = f(x) + \varepsilon g(x,t), \\ \dot{t} = 1, \end{cases} \tag{2.2}$$

其中 $(x,t) \in \mathbb{R}^2 \times \mathbb{S}^1$, $\mathbb{S}^1 = \mathbb{R}/T \cong [0,T]$.

令 $\varepsilon = 0$ 时, 得到如下的未扰动 Hamilton 系统

$$\begin{cases} \dot{u} = f_1(x) = \dfrac{\partial H}{\partial v}, \\ \dot{v} = f_2(x) = -\dfrac{\partial H}{\partial u}. \end{cases} \tag{2.3}$$

为了统一论述同宿轨道和次谐轨道的 Melnikov 方法, 下面给出未扰动系统全局动力学的几何结构假设.

假设 2.1 系统 (2.3) 存在一个同宿于双曲鞍点 p_0 的同宿轨道 $q^0(t)$.

假设 2.2 令 $\Gamma^0 = \{q^0(t)|t \in \mathbb{R}\} \cup \{p_0\}$, 假设 Γ^0 的内部是一族连续依赖于参数 α 的周期轨道, 记为 $q^\alpha(t)$, $\alpha \in (-1,0)$. 设 $d(x,\Gamma^0) = \inf\limits_{q \in \Gamma^0} |x - q|$, 进一步假设 $\lim\limits_{\alpha \to 0} \sup\limits_{t \in \mathbb{R}} d(q^\alpha(t), \Gamma^0) = 0$.

假设 2.3 设 $q^\alpha(t)$ 的周期为 T_α 且令 $h_\alpha = H(q^\alpha(t))$, 假设 T_α 是 h_α 的可微函数且在 Γ^0 内有 $\dfrac{dT_\alpha}{dh_\alpha} > 0$ 成立.

注 1 假设 2.1 说明未扰动系统 (2.3) 的同宿轨道 $q^0(t)$ 可以看作周期正无穷大的周期轨道, 为下面发展同宿轨道的 Melnikov 方法做几何假设上的准备.

注 2 假设 2.2 和假设 2.3 说明未扰动系统 (2.3) 具有任意周期的连续族周期轨道结构, 为下面发展次谐轨道的 Melnikov 方法做几何假设上的准备. 注意到随着 $\alpha \to 0$, T_α 单调地趋于 $+\infty$, 也就是 $q^\alpha(t)$ 趋近于同宿轨道 $q^0(t)$, 最终可以把同宿轨道和次谐轨道的 Melnikov 函数建立极限上的联系.

注 3 我们这里强调一下, 如果仅是研究同宿轨道的 Melnikov 方法, 假设 2.2 和假设 2.3 不是必要的.

当假设 2.1—假设 2.3 同时满足时, 未扰动系统 (2.3) 的拓扑等价相图如图 2.1 所示.

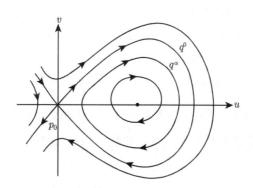

图 2.1 未扰动系统的相图

为了研究周期非自治扰动系统的动力学, 考虑二维相空间 $\mathbb{R}^2 \times \mathbb{S}^1$, 对任意的 $t_0 \in \mathbb{S}^1$, 取三维自治系统 (2.2) 的流的一个全局横截面 $\Sigma^{t_0} = \{(x,t)|t = t_0\}$, 并定义 Poincaré 映射 $P_\varepsilon^{t_0} : \Sigma^{t_0} \to \Sigma^{t_0}$.

由假设 2.1 可知当 $\varepsilon = 0$ 时, 未扰动系统 (2.2) 有一维双曲周期轨道 $\gamma_0(t) = \{(x,t)|x = p_0, t \in \mathbb{S}^1\}$, 其二维稳定流形 $W^s(\gamma_0(t))$ 和不稳定流形 $W^u(\gamma_0(t))$ 重合,

相交于二维同宿流形 $W(\gamma_0(t)) = \{(x,t)|x = q^0(t), t \in \mathbb{S}^1\}$. 因此未扰动 Poincaré 映射 $P_0^{t_0}$ 有双曲不动点 p_0, 同宿轨道 $W^s(p_0) \cap W^u(p_0)$ 上的每个点均是 $P_0^{t_0}$ 的非横截同宿点. 扰动情况下系统的全局动力学由下面的两个引理给出, 如图 2.2 所示.

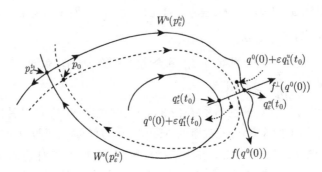

图 2.2　截面 Σ^{t_0} 上的不变流形和距离函数

引理 2.1　若 $\varepsilon > 0$ 充分小, 系统 (2.2) 有唯一的双曲周期轨道 $\gamma_\varepsilon(t) = p_0 + O(\varepsilon), t \in \mathbb{S}^1$, 相应的 Poincaré 映射 $P_\varepsilon^{t_0}$ 有唯一的双曲鞍点 $p_\varepsilon^{t_0} = p_0 + O(\varepsilon)$.

引理 2.2　扰动周期轨道的局部稳定流形 $W_{\text{loc}}^s(\gamma_\varepsilon)$ 和局部不稳定流形 $W_{\text{loc}}^u(\gamma_\varepsilon)$ 分别是 C^r-接近于未扰动周期轨道 $\gamma_0(t)$ 的稳定流形 $W^s(\gamma_0(t))$ 和不稳定流形 $W^u(\gamma_0(t))$. 进一步, 通过流的延拓, 以 Poincaré 截面 Σ^{t_0} 为基点的轨道 $q_\varepsilon^s(t, t_0) \subset W^s(\gamma_\varepsilon)$ 和 $q_\varepsilon^u(t, t_0) \subset W^u(\gamma_\varepsilon)$ 可表示为

$$q_\varepsilon^s(t, t_0) = q^0(t - t_0) + \varepsilon q_1^s(t, t_0) + O(\varepsilon^2), \quad t \in [t_0, +\infty);$$
$$q_\varepsilon^u(t, t_0) = q^0(t - t_0) + \varepsilon q_1^u(t, t_0) + O(\varepsilon^2), \quad t \in (-\infty, t_0]. \tag{2.4}$$

定理 2.3　$q_1^s(t, t_0)$ 和 $q_1^u(t, t_0)$ 在各自的定义域内满足变分方程

$$\dot{q}_1^{s,u}(t, t_0) = Df(q^0(t - t_0))q_1^{s,u}(t, t_0) + g(q^0(t - t_0), t). \tag{2.5}$$

在 Σ^{t_0} 上, 不稳定流形 $W^u(\gamma_\varepsilon(t))$ 和稳定流形 $W^s(\gamma_\varepsilon(t))$ 在点 $q^0(0)$ 处的距离定义为

$$d(t_0) = |q_\varepsilon^u(t_0) - q_\varepsilon^s(t_0)|, \tag{2.6}$$

其中 $q_\varepsilon^u(t_0) \triangleq q_\varepsilon^u(t_0, t_0)$ 为 $t \to -\infty$ 时最接近 $p_\varepsilon^{t_0}$ 的点, $q_\varepsilon^s(t_0) \triangleq q_\varepsilon^s(t_0, t_0)$ 为 $t \to \infty$ 时最接近 $p_\varepsilon^{t_0}$ 的点.

定理2.4　如果取 $f^\perp(q^0(0)) = (-f_2(q^0(0)), f_1(q^0(0)))^{\mathrm{T}}$, 则不稳定流形 $W^u(\gamma_\varepsilon)$ 和稳定流形 $W^s(\gamma_\varepsilon)$ 在点 $q^0(0)$ 处的距离函数可表示为

$$d(t_0) = \varepsilon \frac{f(q^0(0)) \wedge (q_1^u(t_0) - q_1^s(t_0))}{|f(q^0(0))|} + O(\varepsilon^2) = \varepsilon \frac{M(t_0)}{|f(q^0(0))|} + O(\varepsilon^2), \tag{2.7}$$

其中一阶 Melnikov 函数为

$$M(t_0) = \int_{-\infty}^{\infty} f(q^0(t - t_0)) \wedge g(q^0(t - t_0), t)dt, \tag{2.8}$$

这里 "$\wedge$" 表示矢量的外积运算, $a = (a_1, a_2)$, $b = (b_1, b_2)$, $a \wedge b = a_1 b_2 - a_2 b_1$.

证明: 记与时间有关的距离函数

$$\Delta(t, t_0) = f(q^0(t - t_0)) \wedge (q_1^u(t, t_0) - q_1^s(t, t_0)) \triangleq \Delta^u(t, t_0) - \Delta^s(t, t_0). \tag{2.9}$$

注意到

$$d(t_0) = \varepsilon \frac{\Delta(t_0, t_0)}{|f(q^0(0))|} + O(\varepsilon^2), \tag{2.10}$$

$\Delta^s(t, t_0)$ 对 t 求导得

$$\begin{aligned}\dot{\Delta}^s(t, t_0) &= Df(q^0(t - t_0))\dot{q}^0(t - t_0) \wedge q_1^s(t, t_0) \\ &\quad + f(q^0(t - t_0)) \wedge \dot{q}_1^s(t, t_0).\end{aligned} \tag{2.11}$$

利用 $q^0(t - t_0)$ 是未扰动系统 (2.3) 的同宿轨道和 (2.5), 可以把 (2.11) 进一步改写为

$$\begin{aligned}\dot{\Delta}^s &= Df(q^0(t - t_0))f(q^0(t - t_0)) \wedge q_1^s(t, t_0) \\ &\quad + f(q^0(t - t_0)) \wedge (Df(q^0(t - t_0))q_1^s(t, t_0) + g(q^0(t - t_0), t)) \\ &= \operatorname{trace}(Df(q^0(t - t_0)))\Delta^s + f(q^0(t - t_0)) \wedge g(q^0(t - t_0), t).\end{aligned} \tag{2.12}$$

由于未扰动系统是 Hamilton 系统, 则有 $\operatorname{trace}(Df(q^0(t - t_0))) \equiv 0$. 对 (2.12) 两边从 t_0 到 $+\infty$ 进行积分得

$$\Delta^s(\infty, t_0) - \Delta^s(t_0, t_0) = \int_{t_0}^{+\infty} f(q^0(t - t_0)) \wedge g(q^0(t - t_0), t)dt. \tag{2.13}$$

上式关于无穷积分具体的推导见 Wiggins 的专著 (Wiggins, 1988). 注意到 $\lim\limits_{t \to +\infty} q^0(t - t_0) = p_0$ 且 $f(p_0) = 0$, 进一步根据引理 2.2 知 $q_1^s(t, t_0)$ 是有界的, 因此 $\Delta^s(\infty, t_0) = \lim\limits_{t \to +\infty} f(q^0(t - t_0)) \wedge q_1^s(t, t_0) = 0$. 公式 (2.13) 最终化为

$$\Delta^s(t_0, t_0) = -\int_{t_0}^{+\infty} f(q^0(t - t_0)) \wedge g(q^0(t - t_0), t)dt. \tag{2.14}$$

同样地

$$\Delta^u(t_0, t_0) = \int_{-\infty}^{t_0} f(q^0(t - t_0)) \wedge g(q^0(t - t_0), t)dt. \tag{2.15}$$

由 (2.7) 和 (2.10) 可知, $M(t_0) = \Delta(t_0, t_0)$, 因此得到一阶 Melnikov 函数为

$$M(t_0) = \int_{-\infty}^{+\infty} f(q^0(t - t_0)) \wedge g(q^0(t - t_0), t)dt. \tag{2.16}$$

定理 2.5　如果 $M(t_0)$ 有简单零点且与 ε 无关, 即存在 $\tau \in [0, T]$, 使得 $M(\tau) = 0, \dfrac{dM}{dt_0}(\tau) \neq 0$, 则对充分小的 $\varepsilon(\varepsilon > 0)$, 不稳定流形 $W^u(p_\varepsilon^\tau)$ 和稳定流形 $W^s(p_\varepsilon^\tau)$ 在 Poincaré 截面 Σ^τ 上 $q^0(0)$ 附近横截相交. 如果对任意的 $t_0 \in [0, T]$, $M(t_0) \neq 0$, 则 $W^u(p_\varepsilon^{t_0}) \cap W^s(p_\varepsilon^{t_0}) = \varnothing$.

注 4　该定理非常重要, 可以用来研究具体微分方程横截同宿轨道的存在性. 进一步通过 Smale-Birkhoff 定理, 横截同宿轨道的存在性意味着对应的 Poincaré 映射的迭代 $(P_\varepsilon^{t_0})^N$ 具有不变双曲集——Smale 马蹄. 一个马蹄包含无穷可数个周期轨道, 不可数有界的非周期轨道和一个稠密轨道. 因此该动力系统关于初始条件具有敏感的依赖性, 从而 Melnikov 方法成为研究非自治周期、拟周期甚至有界随机噪声扰动下的平面系统发生同宿分岔和混沌动力学的解析方法.

2.1.2　Melnikov 函数的性质

性质 1　Melnikov 函数 $M(t_0)$ 关于 t_0 是周期函数, 其周期与扰动项 $g(x, t)$ 的周期一样为 T. 因为 Poincaré 映射 $P_\varepsilon^{t_0} = P_\varepsilon^{t_0 + T}$, 所以 $d(t_0) = d(t_0 + T)$, 它的一阶泰勒展开式 $M(t_0) = M(t_0 + T)$. 因此如果 Poincaré 映射 $P_\varepsilon^{t_0}$ 具有一个横截同宿点, 就具有无穷多个横截同宿点.

性质 2　通过 $t \to t + t_0$ 的变量变换, 可以把一阶 Melnikov 函数 (2.16) 化为等价的且有利于实际应用的积分形式

$$M(t_0) = \int_{-\infty}^{+\infty} f(q^0(t)) \wedge g(q^0(t), t + t_0)dt. \tag{2.17}$$

性质 3　如果存在一个依赖于时间的 Hamilton 函数 $G(x, t)$ 使得扰动项 $g(x, t) = \left(\dfrac{\partial G}{\partial v}, -\dfrac{\partial G}{\partial u} \right)^{\mathrm{T}}$, 此时的 Melnikov 函数为

$$M(t_0) = \int_{-\infty}^{+\infty} \{H(q^0(t)), G(q^0(t), t + t_0)\}dt, \tag{2.18}$$

其中 $\{H, G\}$ 表示如下的 Poisson 括号积: $\{H, G\} = \dfrac{\partial H}{\partial u}\dfrac{\partial G}{\partial v} - \dfrac{\partial H}{\partial v}\dfrac{\partial G}{\partial u}$.

下面给出扰动项 $g(x, t; \mu)$ 依赖于参数 $\mu \in \mathbb{R}^k$ 的重要结论. 为了简单起见, 下面的定理取 $k = 1$.

定理 2.6　考虑参数化的系统 $\dot{x} = f(x) + \varepsilon g(x, t; \mu)$, $\mu \in \mathbb{R}$ 且令假设 2.1—假设 2.3 成立. 如果 Melnikov 函数 $M(t_0, \mu)$ 有二次零点, 即存在 $\tau \in [0, T]$, $\mu_b \in \mathbb{R}$

使得 $M(\tau, \mu_b) = \dfrac{\partial M}{\partial t_0}(\tau, \mu_b) = 0$, 但 $\dfrac{\partial^2 M}{\partial t_0^2}(\tau, \mu_b) \neq 0$, 则 $\mu_B = \mu_b + O(\varepsilon)$ 是不稳定流形 $W^u(p_\varepsilon^\tau)$ 和稳定流形 $W^s(p_\varepsilon^\tau)$ 在 Σ^τ 上 $q^0(0)$ 附近发生二次同宿相切的分岔值.

2.1.3 Duffing 振子的同宿轨道 Melnikov 函数

Duffing 方程是一个典型的非线性振动系统, 它在电路、电气、信号、噪声和自动化等领域有广泛的应用. 尽管是从简单物理模型中得出来的非线性振动模型, 但是其模型具有代表性, 实际工程中的许多非线性振动问题的数学模型都可以转化为该方程来研究. 本节考虑一个在弱周期激励和弱阻尼作用下的具有负线性刚度 Duffing 方程, 其一般形式为

$$\ddot{x} + \varepsilon \gamma \dot{x} - ax + cx^3 = \varepsilon f \cos(\omega t), \tag{2.19}$$

其中 $a > 0$, $c > 0$.

上面的系统等价于

$$\begin{cases} \dot{x} = y, \\ \dot{y} = ax - cx^3 - \varepsilon \gamma y + \varepsilon f \cos(\omega t). \end{cases} \tag{2.20}$$

当 $\varepsilon = 0$ 时, 未扰动系统为如下的 Hamilton 系统

$$\begin{cases} \dot{x} = y = \dfrac{\partial H}{\partial y}, \\ \dot{y} = ax - cx^3 = -\dfrac{\partial H}{\partial x}, \end{cases} \tag{2.21}$$

其 Hamilton 函数为

$$H(x, y) = \frac{1}{2}y^2 - \frac{a}{2}x^2 + \frac{c}{4}x^4. \tag{2.22}$$

未扰动系统 (2.21) 有三个平衡点 $(0, 0)$, $\left(\sqrt{\dfrac{a}{c}}, 0\right)$, $\left(-\sqrt{\dfrac{a}{c}}, 0\right)$, 且 $(0, 0)$ 点是双曲鞍点, $\left(\sqrt{\dfrac{a}{c}}, 0\right)$, $\left(-\sqrt{\dfrac{a}{c}}, 0\right)$ 是中心, 双曲鞍点的稳定流形和不稳定流形重合构成一对关于 y 轴对称的同宿轨道. 未扰动系统的相图如图 2.3 所示.

接下来, 我们计算同宿轨道的解析表达式. 利用同宿轨道上的点在同一能量水平集上, 通过 $H(x, y) = H(0, 0) = 0$ 得到同宿轨道的隐函数表达式为

$$\frac{1}{2}y^2 - \frac{a}{2}x^2 + \frac{c}{4}x^4 = 0. \tag{2.23}$$

进一步得到

$$y = \pm\sqrt{ax^2 - \frac{c}{2}x^4}. \tag{2.24}$$

设 $t = 0$ 时 $y = 0$, 解得 $x_0 = \pm\sqrt{2a/c}$, 把式 (2.24) 与 $\dot{x} = y$ 联立化简求积分可得

$$\int_{x_0}^{x} \frac{dx}{\pm\sqrt{ax^2 - cx^4/2}} = t, \tag{2.25}$$

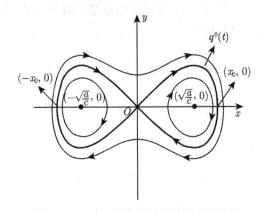

图 2.3　Duffing 振子未扰动系统的相图

计算定积分, 整理后得到

$$x(t) = \pm\sqrt{\frac{2a}{c}}\,\mathrm{sech}(\sqrt{a}t). \tag{2.26}$$

因此可得

$$y(t) = \dot{x}(t) = \mp a\sqrt{\frac{2}{c}}\,\mathrm{sech}(\sqrt{a}t)\tanh(\sqrt{a}t). \tag{2.27}$$

可得未扰动系统 (2.21) 关于 y 轴对称的同宿轨道解析式为

$$q^0(t) = (x(t), y(t)) = \left(\pm\sqrt{\frac{2a}{c}}\,\mathrm{sech}(\sqrt{a}t),\ \mp a\sqrt{\frac{2}{c}}\,\mathrm{sech}(\sqrt{a}t)\tanh(\sqrt{a}t)\right). \tag{2.28}$$

将 Duffing 等价系统 (2.20) 写作如下形式, 得到

$$X = \begin{pmatrix} x \\ y \end{pmatrix}, \quad f(X) = \begin{pmatrix} y \\ ax - cx^3 \end{pmatrix}, \quad g(X, t) = \begin{pmatrix} 0 \\ -\gamma y + f\cos(\omega t) \end{pmatrix}.$$

即系统可写为

$$\dot{X} = f(X) + \varepsilon g(X, t). \tag{2.29}$$

易知

$$\text{trace}(Df) = \text{trace} \begin{pmatrix} 0 & 1 \\ a - 3cx^2 & 0 \end{pmatrix} = 0.$$

本节的 Duffing 方程满足 Melnikov 方法的所有假设, 因此利用上面的 Melinkov 函数得

$$\begin{aligned} M(\tau) &= \int_{-\infty}^{+\infty} f(q^0(t)) \wedge g(q^0(t), t + \tau) dt \\ &= \int_{-\infty}^{+\infty} [-\gamma y(t) + f \cos(\omega(t + \tau))] y(t) dt \\ &= \int_{-\infty}^{+\infty} [-\gamma y^2(t) + f y(t) \cos(\omega(t + \tau))] dt. \end{aligned} \tag{2.30}$$

上式中第一个积分可把同宿轨道的参数方程 (2.28) 代入, 利用简单的凑微分方法就可求出

$$\begin{aligned} -\gamma \int_{-\infty}^{+\infty} y^2(t) dt &= -\frac{2\gamma a^2}{c} \int_{-\infty}^{+\infty} \text{sech}^2(\sqrt{a}t) \tanh^2(\sqrt{a}t) dt \\ &= -\frac{2\gamma a^{3/2}}{c} \int_{-\infty}^{+\infty} \tanh^2(\sqrt{a}t) d \tanh(\sqrt{a}t) \\ &= -\frac{2\gamma a^{3/2}}{3c} \tanh^3(\sqrt{a}t) \Big|_{-\infty}^{+\infty} \\ &= -\frac{4\gamma a^{3/2}}{3c}. \end{aligned} \tag{2.31}$$

第二个积分利用三角函数和差公式与被积函数的奇偶性可得

$$\begin{aligned} f \int_{-\infty}^{+\infty} & y(t) \cos \omega(t + \tau) dt \\ &= \mp a f \sqrt{\frac{2}{c}} \cos(\omega\tau) \int_{-\infty}^{+\infty} \text{sech}(\sqrt{a}t) \tanh(\sqrt{a}t) \cos(\omega t) dt \\ &\quad \pm a f \sqrt{\frac{2}{c}} \sin(\omega\tau) \int_{-\infty}^{+\infty} \text{sech}(\sqrt{a}t) \tanh(\sqrt{a}t) \sin(\omega t) dt \\ &= \pm a f \sqrt{\frac{2}{c}} \sin(\omega\tau) \int_{-\infty}^{+\infty} \text{sech}(\sqrt{a}t) \tanh(\sqrt{a}t) \sin(\omega t) dt. \end{aligned} \tag{2.32}$$

本节最难算的积分 $\int_{-\infty}^{+\infty} \operatorname{sech}(\sqrt{a}t)\tanh(\sqrt{a}t)\sin(\omega t)dt$ 需要应用复变函数论中的留数定理. 如图 2.4 所示, 由 AB, BC, CD 和 DA 构成的正向封闭曲线 L, 复变函数 $h(z) = \operatorname{sech}(\sqrt{a}z)\tanh(\sqrt{a}z)\sin(\omega z)$ 在 L 内有二级极点 $z_0 = \dfrac{\pi i}{2\sqrt{a}}$, 其留数计算为

$$
\begin{aligned}
\operatorname{Res}[h(z), z_0] &= \lim_{z \to z_0} \frac{d}{dz}[(z-z_0)^2 h(z)] \\
&= \lim_{z \to z_0} \frac{d}{dz}\left[(z-z_0)^2 \frac{2\sin(\omega z)(e^{\sqrt{a}z}-e^{-\sqrt{a}z})}{(e^{\sqrt{a}z}+e^{-\sqrt{a}z})^2}\right] \\
&= \lim_{z \to z_0} 2\omega\cos(\omega z)\frac{(z-z_0)^2(e^{\sqrt{a}z}-e^{-\sqrt{a}z})}{(e^{\sqrt{a}z}+e^{-\sqrt{a}z})^2} \\
&\quad + \lim_{z \to z_0} 2\sin(\omega z)\frac{d}{dz}\left[\frac{(z-z_0)^2}{(e^{\sqrt{a}z}+e^{-\sqrt{a}z})^2}\right](e^{\sqrt{a}z}-e^{-\sqrt{a}z}) \\
&\quad + \lim_{z \to z_0} 2\sin(\omega z)\frac{(z-z_0)^2}{(e^{\sqrt{a}z}+e^{-\sqrt{a}z})^2}\frac{d}{dz}(e^{\sqrt{a}z}-e^{-\sqrt{a}z}) \\
&= -\frac{i\omega}{a}\cosh\frac{\pi\omega}{2\sqrt{a}}.
\end{aligned}
\tag{2.33}
$$

在这里, 我们特别注释一下: 上式留数的计算, 后两个极限为零.

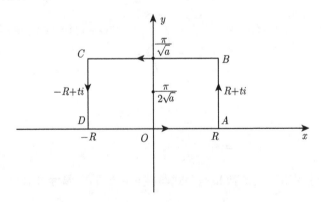

图 2.4　留数定理的封闭曲线图

根据留数定理:

$$
\oint_L \operatorname{sech}(\sqrt{a}z)\tanh(\sqrt{a}z)\sin(\omega z)dz = 2\pi i\left(\frac{-i\omega}{a}\cosh\frac{\pi\omega}{2\sqrt{a}}\right)
\tag{2.34}
$$

且有

$$
\oint_L h(z)dz = \int_{\overrightarrow{AB}} h(z)dz + \int_{\overrightarrow{BC}} h(z)dz + \int_{\overrightarrow{CD}} h(z)dz + \int_{\overrightarrow{DA}} h(z)dz.
$$

接下来, 我们分别计算这几段积分, 首先我们计算 $\int_{\overrightarrow{BC}} h(z)dz$:

$$\int_{\overrightarrow{BC}} \sin(\omega z)\mathrm{sech}(\sqrt{a}z)\tanh(\sqrt{a}z)dz$$

$$= \int_{R}^{-R} \mathrm{sech}\sqrt{a}\left(t + \frac{\pi}{\sqrt{a}}i\right)\tanh\sqrt{a}\left(t + \frac{\pi}{\sqrt{a}}i\right)\sin\omega\left(t + \frac{\pi}{\sqrt{a}}i\right)dt$$

$$= \int_{-R}^{R} \mathrm{sech}\sqrt{a}t\tanh\sqrt{a}t\sin\omega\left(t + \frac{\pi}{\sqrt{a}}i\right)dt$$

$$= \cosh\frac{\omega\pi}{\sqrt{a}}\int_{-R}^{R} \sin(\omega t)\mathrm{sech}(\sqrt{a}t)\tanh(\sqrt{a}t)dt, \tag{2.35}$$

因此

$$\int_{\overrightarrow{BC}} h(z)dz + \int_{\overrightarrow{DA}} h(z)dz$$

$$= \left(1 + \cosh\frac{\omega\pi}{\sqrt{a}}\right)\int_{-R}^{R} \sin(\omega t)\mathrm{sech}(\sqrt{a}t)\tanh(\sqrt{a}t)dt. \tag{2.36}$$

对于 AB 段, 有 $z = R + ti$, $t \in \left[0, \frac{\pi}{\sqrt{a}}\right]$, 经过直线积分和不等式放缩有

$$\left|\int_{\overrightarrow{AB}} \sin(\omega z)\mathrm{sech}(\sqrt{a}z)\tanh(\sqrt{a}z)dz\right|$$

$$= \left|\int_{0}^{\frac{\pi}{\sqrt{a}}} \sin(\omega(R+ti))\mathrm{sech}(\sqrt{a}(R+ti))\tanh(\sqrt{a}(R+ti))dt\right|$$

$$= \left|\int_{0}^{\frac{\pi}{\sqrt{a}}} \sin(\omega(R+ti))\frac{2(e^{\sqrt{a}(R+ti)} - e^{-\sqrt{a}(R+ti)})}{(e^{\sqrt{a}(R+ti)} + e^{-\sqrt{a}(R+ti)})^2}dt\right|$$

$$\leqslant \int_{0}^{\frac{\pi}{\sqrt{a}}} \left|\frac{e^{i\omega(R+ti)} - e^{-i\omega(R+ti)}}{e^{\sqrt{a}R}}\frac{1 + e^{-2\sqrt{a}R}}{(1 - e^{-2\sqrt{a}R})^2}\right|dt$$

$$\leqslant \int_{0}^{\frac{\pi}{\sqrt{a}}} \frac{|e^{i\omega(R+ti)}| + |e^{-i\omega(R+ti)}|}{e^{\sqrt{a}R}}\frac{1 + e^{-2\sqrt{a}R}}{(1 - e^{-2\sqrt{a}R})^2}dt$$

$$\leqslant \frac{(1 + e^{-2\sqrt{a}R})/(1 - e^{-2\sqrt{a}R})^2}{e^{\sqrt{a}R}}\int_{0}^{\frac{\pi}{\sqrt{a}}} e^{-\omega t} + e^{\omega t}dt \to 0 \quad (R \to \infty). \tag{2.37}$$

同理可知 $\int_{\overrightarrow{CD}} \sin(\omega(R+ti))\mathrm{sech}\sqrt{a}(R+ti)\tanh\sqrt{a}(R+ti)dt \to 0 \ (R \to +\infty)$. 进一步令 $R \to +\infty$ 容易知道

$$\lim_{R\to+\infty}\oint_{L} h(z)dz = \lim_{R\to+\infty}\left[\int_{\overrightarrow{AB}} + \int_{\overrightarrow{BC}} + \int_{\overrightarrow{CD}} + \int_{\overrightarrow{DA}}\right]$$

$$= \left(1 + \cosh\frac{\omega\pi}{\sqrt{a}}\right) \int_{-\infty}^{+\infty} \sin(\omega t)\sec h(\sqrt{a}t)\tanh(\sqrt{a}t)dt$$

$$= \frac{2\pi\omega}{a}\cosh\frac{\pi\omega}{2\sqrt{a}}. \tag{2.38}$$

经过简单的计算可得

$$\int_{-\infty}^{+\infty} \sin(\omega t)\operatorname{sech}(\sqrt{a}t)\tanh(\sqrt{a}t)dt$$

$$= \frac{2\pi\omega}{a}\cosh\frac{\pi\omega}{2\sqrt{a}}\frac{1}{1+\cosh\dfrac{\omega\pi}{\sqrt{a}}}$$

$$= \frac{2\pi\omega}{a}\cosh\frac{\pi\omega}{2\sqrt{a}}\frac{2}{e^{\frac{\pi\omega}{\sqrt{a}}}+e^{-\frac{\pi\omega}{\sqrt{a}}}+2}$$

$$= \frac{2\pi\omega}{a}\cosh\frac{\pi\omega}{2\sqrt{a}}\frac{2}{(e^{\frac{\pi\omega}{2\sqrt{a}}}+e^{-\frac{\pi\omega}{2\sqrt{a}}})^2}$$

$$= \frac{2\pi\omega}{a}\frac{e^{\frac{\pi\omega}{2\sqrt{a}}}+e^{-\frac{\pi\omega}{2\sqrt{a}}}}{2}\frac{2}{(e^{\frac{\pi\omega}{2\sqrt{a}}}+e^{-\frac{\pi\omega}{2\sqrt{a}}})^2}$$

$$= \frac{\pi\omega}{a}\frac{2}{e^{\frac{\pi\omega}{2\sqrt{a}}}+e^{-\frac{\pi\omega}{2\sqrt{a}}}}$$

$$= \frac{\pi\omega}{a}\operatorname{sech}\frac{\pi\omega}{2\sqrt{a}}. \tag{2.39}$$

综合以上推导结果, 得到

$$M(\tau) = -\frac{4a^{3/2}}{3c}\gamma \pm \pi f\omega\sqrt{\frac{2}{c}}\operatorname{sech}\frac{\pi\omega}{2\sqrt{a}}\sin(\omega\tau). \tag{2.40}$$

由式 (2.40) 推知, 当且仅当

$$f > \frac{4a^{3/2}\gamma}{3\pi\omega\sqrt{2c}}\cosh\frac{\pi\omega}{2\sqrt{a}} \tag{2.41}$$

时, 系统 (2.20) 的稳定流形和不稳定流形横截相交, 因此系统具有 Smale 马蹄意义下的混沌.

2.2　平面光滑系统次谐轨道的 Melnikov 方法

2.2.1　经典的次谐轨道 Melnikov 方法

引理 2.7　令 $q^{\alpha}(t-t_0)$ 是未扰动系统周期为 T_{α} 的周期轨道, 则系统 (2.1) 存在一个扰动轨道 $q_{\varepsilon}^{\alpha}(t,t_0)$, 它未必是周期的, 其表达式为

$$q_{\varepsilon}^{\alpha}(t,t_0) = q^{\alpha}(t-t_0) + \varepsilon q_1^{\alpha}(t,t_0) + O(\varepsilon^2), \tag{2.42}$$

对任意小的 $\varepsilon,\ \alpha \in (-1,0)$, (2.42) 在 $t \in [t_0, t_0 + T_\alpha]$ 上是一致成立的.

令 $q^\alpha(t - t_0)$ 是一个周期为 $T_\alpha = mT/n$ 的周期轨道, 这里 m 与 n 是互素的整数, 定义如下次谐轨道的 Melnikov 函数

$$M^{m/n}(t_0) = \int_0^{mT} f(q^\alpha(t)) \wedge g(q^\alpha(t), t + t_0) dt. \tag{2.43}$$

定理 2.8 若 $M^{m/n}(t_0)$ 存在不依赖 ε 的简单零点, 并且满足 $dT_\alpha/dh_\alpha \neq 0$, 那么当 $0 < \varepsilon \leqslant \varepsilon(n)$ 时, 系统 (2.1) 有一个周期为 mT 的次谐轨道. 如果 $n = 1$, 则这个结果在 $0 < \varepsilon \leqslant \varepsilon(1)$ 中是一致成立的.

证明:

$$f(q^\alpha(0)) \wedge (q_\varepsilon^\alpha(t_0 + mT, t_0) - q_\varepsilon^\alpha(t_0, t_0))$$
$$= \varepsilon \int_{t_0}^{t_0 + mT} f(q^\alpha(t - t_0)) \wedge g(q^\alpha(t - t_0), t) dt + O(\varepsilon^2)$$
$$= \varepsilon \int_0^{mT} f(q^\alpha(t)) \wedge g(q^\alpha(t), t + t_0) dt + O(\varepsilon^2)$$
$$= \varepsilon M^{m/n}(t_0) + O(\varepsilon^2). \tag{2.44}$$

如果 $M^{m/n}(t_0)$ 有一个简单零点, 这时存在一个以 $q_\varepsilon^\alpha(t_0) \in \Sigma^{t_0}$ 为起始点的扰动轨道 $q_\varepsilon^\alpha(t, t_0)$, 经过 mT 时间回到截面 Σ^{t_0} 上的点 $q_\varepsilon^\alpha(t_0 + mT)$, 此时向量 $q_\varepsilon^\alpha(t_0 + mT) - q_\varepsilon^\alpha(t_0) \subset \Sigma^{t_0}$ 平行于向量 $f(q^0(0))$ (且两者之间的距离关于 ε 同阶无穷小). 令 α 附近的 β 满足 $M^\beta(t_0) = \int_0^{mT} f(q^\beta(t)) \wedge g(q^\beta(t), t + t_0) dt$, 很显然 M^β 连续依赖于 β. 根据假设 2.3 可知当 $\beta < \alpha$ 时, $T_\beta < T_\alpha$, 当 $\beta > \alpha$ 时, $T_\beta > T_\alpha$. 可以找到参数 $\beta_1 < \alpha < \beta_2$ 以及扰动轨道 $q_\varepsilon^{\beta_1}, q_\varepsilon^{\beta_2}$, 使得向量 $q_\varepsilon^{\beta_i}(t_0 + mT) - q_\varepsilon^{\beta_i}(t_0) \subset \Sigma^{t_0}$ 平行于 $f(q^{\beta_i}(0))$(两者之间的距离关于 ε 同阶无穷小), 但两平行向量方向相反. 因此, 存在一条连接 $q_\varepsilon^{\beta_1}(t_0)$ 和 $q_\varepsilon^{\beta_2}(t_0)$ 的曲线作为初始条件, 则这条初始条件曲线由 Poincaré 映射 $P_\varepsilon^{t_0}$ 经过 m 次迭代回到截面 Σ^{t_0}, 如图 2.5 所示. 因此 $(P_\varepsilon^{t_0})^m$ 在 $q^\alpha(0)$ 附近有一个不动点.

在 $q^\alpha(0)$ 附近引入局部坐标变换 (h, ϕ), 则沿未扰动轨道法线方向 ϕ 为常数, 在每一条未扰动轨道 $q^\beta(t)$ 上 h 保持个变. 在此坐标变换下, 未扰动映射可以写成如下形式

$$(P_0^{t_0})^m \begin{pmatrix} h \\ \phi \end{pmatrix} = \begin{pmatrix} h \\ m\omega(h)T + \phi \end{pmatrix}, \tag{2.45}$$

这里 $\omega(0) = 0$ 和 $\omega'(h) < 0$. 由假设 2.3 可以得到如下扰动映射

$$(P_\varepsilon^{t_0})^m \begin{pmatrix} h \\ \phi \end{pmatrix} = \begin{pmatrix} h + \varepsilon F(h, \phi) \\ m\omega(h)T + \phi + \varepsilon G(h, \phi) \end{pmatrix} + O(\varepsilon^2). \tag{2.46}$$

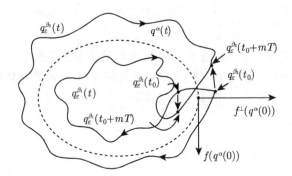

图 2.5　在截面 Σ^{t_0} 上的 Poincaré 映射 $P_\varepsilon^{t_0}$ 的 m 次迭代轨道

现在假定 Melnikov 函数能够确定 $\dfrac{\partial F}{\partial \phi}$. 不难发现 $M^{m/n}(t_0)$ 中的变量 t_0 与 ϕ 等价. 因为 $M^{m/n}(t_0)$ 是度量轨道中平行 $f^\perp(q^\alpha(0))$ 的关于 ε 同阶无穷小变量的函数, 且满足

$$\frac{\partial F}{\partial \phi} = \frac{\partial M^{m/n}/\partial t_0}{|f(q^\alpha(0))|}. \tag{2.47}$$

所以, 如果 $M^{m/n}(t_0)$ 有一个简单零点, 那么在 $q^\beta(0)$ 附近 $\dfrac{\partial F}{\partial \phi} \neq 0$.

现在已经证得在 $O(\varepsilon)$ 附近 $(P_\varepsilon^{t_0})^m$ 有一个不动点. 为了证明当映射中存在更高阶项 $O(\varepsilon^2)$ 时同样存在一个不动点, 我们仅仅需要证明:

$$\det(I - (DP_\varepsilon^{t_0})^m) \neq 0. \tag{2.48}$$

根据 (2.46), 有

$$\det(I - (DP_\varepsilon^{t_0})^m) = -\varepsilon mT\omega'(h)\frac{\partial F}{\partial \phi} + O(\varepsilon^2). \tag{2.49}$$

由假设 2.3 得到 $\omega'(h) < 0$, $M^{m/n}(t_0)$ 具有简单零点确保 $\dfrac{\partial F}{\partial \phi} \neq 0$, 从而推导出 $I - (DP_\varepsilon^{t_0})^m$ 可逆, 继而通过隐含数定理可以证得在 $q^\alpha(0)$ 附近 $(P_\varepsilon^{t_0})^m$ 有一个不动点, 因此存在一个 m/n 阶的次谐轨道. 由引理 2.7 知仅当 $n = 1$ 时, 定理的结论是一致成立的, 因为周期 $T_\alpha = mT$ 时, 轨道在一个周期内穿过邻域 $U_v(p)$ 一次, 而周期为 $\dfrac{mT}{n}$ 的超谐轨道 n 次穿过邻域 $U_v(p)$.

定理 2.9 考虑含有参数的系统 $\dot{x} = f(x) + \varepsilon g(t, x; \mu)$, 其中 $\mu \in \mathbb{R}$, 满足假设 2.1—假设 2.3, 假设 $M^{m/n}(t_0, \mu)$ 在 $\mu = \mu_b$ 时有一个二次零点

$$M^{m/n} = \frac{\partial M^{m/n}}{\partial t_0} = 0, \quad \frac{\partial^2 M^{m/n}}{\partial^2 t_0^2}, \frac{\partial M^{m/n}}{\partial \mu} \neq 0,$$

则 $\mu_{m/n} = \mu_b + O(\varepsilon)$ 是出现周期轨道鞍结分岔的值.

定理 2.10 记 $M^{m/1}(t_0) = M^m(t_0)$, 则有

$$\lim_{m \to +\infty} M^m(t_0) = M(t_0).$$

证明: 当 $m \to +\infty$ 和 $\alpha(m) \to 0$(注意 $M^m(t_0)$ 是周期性的意味着可以将积分区间 $0 \to mT$ 写成 $-mT/2 \to mT/2$) 时, 证明积分

$$M^m(t_0) = \int_{-mT/2}^{mT/2} f(q^\alpha(t - t_0)) \wedge g(q^\alpha(t - t_0), t) dt \tag{2.50}$$

收敛到

$$M(t_0) = \int_{-\infty}^{+\infty} f(q^0(t - t_0)) \wedge g(q^0(t - t_0), t) dt. \tag{2.51}$$

令 $\Gamma^\alpha = \{q^\alpha(t) | t \in [0, T_\alpha]\}$ 和 $\Gamma^0 = \{q^0(t) | t \in R\} \cup \{p_0\}$, 取邻域 $U_\nu(p)$ 使得 $\Gamma^0 \cap U_\nu(p), \Gamma^\alpha \cap U_\nu(p)$ 的弧长都小于 v. 取 τ 使得 $q^0(-\tau)$ 和 $q^0(\tau)$ 都在 U_ν 内, 则当 α 足够接近 0 时, $q^\alpha(\pm\tau)$ 在 U_ν 内, 可以得到

$$M(t_0) - M^m(t_0) = \int_{-\tau}^{\tau} f(q^0) \wedge g(q^0, t) dt - \int_{-\tau}^{\tau} f(q^\alpha) \wedge g(q^\alpha, t) dt$$

$$+ \int_{-\infty}^{-\tau} f(q^0) \wedge g(q^0, t) dt + \int_{\tau}^{+\infty} f(q^0) \wedge g(q^0, t) dt$$

$$- \int_{-mT/2}^{-\tau} f(q^\alpha) \wedge g(q^\alpha, t) dt - \int_{\tau}^{mT/2} f(q^\alpha) \wedge g(q^\alpha, t) dt. \tag{2.52}$$

系统中 f 和 g 是光滑的, 系统的解连续依赖于初值条件意味着, 任意给定 $\nu > 0$, 存在 $\alpha_0 < 0$ 使得对 $\alpha \in [\alpha_0, 0)$, (2.52) 第一个括号里的积分项小于 ν. 当 $\alpha \to 0$, 即 $m \to +\infty$ 时, 第二个括号里的积分项可表示为弧长 Γ^0 和 Γ^α 的两个积分的差, 利用 Γ^0 上弧长的增量 $ds = \sqrt{(u^0)^2 + (v^0)^2} dt = |f(q^0)| dt$ 和 Γ^α 上弧长的增量 $ds = |f(q^\alpha)| dt$, 第二个括号里的积分项变为

$$\int_{q^0(-\tau)}^{q^0(\tau)} \frac{f(q^0) \wedge g(q^0, s)}{|f(q^0)|} ds - \int_{q^\alpha(-\tau)}^{q^\alpha(\tau)} \frac{f(q^\alpha) \wedge g(q^\alpha, s)}{|f(q^\alpha)|} ds. \tag{2.53}$$

假设 g 满足 $\sup_{q \in U_\nu(p), t \in \mathbb{R}} |g(q^\alpha, t)| = K < \infty$, 第二个括号里的积分项以 $2K\nu$ 为界, 因此, 对于 $\alpha \in [\alpha_0, 0)$ 有

$$|M(t_0) - M^m(t_0)| < (2K + 1)\nu, \tag{2.54}$$

当 $\alpha \to 0$ 时 $|M(t_0) - M^m(t_0)| \to 0$, 定理得证.

2.2.2　Duffing 振子的次谐轨道 Melnikov 函数

回到 Duffing 振子, 考虑系统 (2.19), 当 $\varepsilon = 0$ 时, 同宿轨道 $\Gamma_\pm^0$ 内有一族单参周期椭圆轨道, 它们可以表示为 $q_\pm^k(t) = (x_\pm^k(t), y_\pm^k(t))$, 其中

$$
\begin{aligned}
x_\pm^k(t) &= \pm \sqrt{\frac{2a}{c(2 - k^2)}} \, dn\left(\sqrt{\frac{a}{2 - k^2}} t, k\right), \\
y_\pm^k(t) &= \mp \sqrt{\frac{2}{c}} \frac{ak^2}{2 - k^2} sn\left(\sqrt{\frac{a}{2 - k^2}} t, k\right) cn\left(\sqrt{\frac{a}{2 - k^2}} t, k\right),
\end{aligned}
\tag{2.55}
$$

这里 sn, cn, dn 是 Jacobi 椭圆函数, k 为椭圆的模. 当 $k \to 1$ 时, $q_\pm^k \to q_\pm^0 \cup (0, 0)$; 当 $k \to 0$ 时, $q_\pm^k \to \left(\pm \sqrt{\frac{a}{c}}, 0\right)$. 取定初始条件 $t = t_0$ 时

$$q_\pm^k(0) = \left(\pm \sqrt{\frac{2a}{c(2 - k^2)}}, 0\right), \tag{2.56}$$

则该轨道 Γ_+^k (或 Γ_-^k) 对应的 Hamilton 函数取值可以被椭圆模 k 表示为

$$H(q^k) = \frac{a^2(k^2 - 1)}{c(2 - k^2)^2} \triangleq h_k. \tag{2.57}$$

进一步, 该轨道对应的周期为

$$T_k = 2K(k) \sqrt{\frac{2 - k^2}{a}}, \tag{2.58}$$

其中 $K(k) = \int_0^{\frac{\pi}{2}} \frac{1}{\sqrt{1 - k^2 \sin \varphi}} d\varphi$ 为第一类完全椭圆积分. T_k 随着 k 增大单调增加, $\lim_{k \to 0} T_k = \sqrt{\frac{2}{a}} \pi$, $\lim_{k \to 1} T_k = \infty$, 且有

$$\frac{dT_k}{dh_k} = \frac{dT_k/dk}{dH/dk} > 0, \tag{2.59}$$

以及

$$\lim_{k \to 1} \frac{dT_k}{dh_k} = \infty. \tag{2.60}$$

因而 2.1 节中的三条假设都成立.

现在计算共振周期轨道的次谐 Melinkov 函数. 仅仅考虑同宿轨道 Γ_+^0 内的周期轨道 $q_+^k(t - t_0)$. 共振条件可以表示为

$$2K(k)\sqrt{\frac{2 - k^2}{a}} = \frac{2\pi m}{\omega n}. \tag{2.61}$$

对于任意满足 $2\pi m/\omega n > \sqrt{\frac{2}{a}}\pi$ 的 m, n, 上式可以得到 $k = k(m, n)$ 的唯一解, 因此轨道 $q_+^{k(m,n)}$ 的次谐 Melnikov 函数为

$$M^{m/n}(t_0; f, \gamma, \omega) = \int_0^{mT} y^{k(m,n)}(t)[f\cos\omega(t + t_0) - \gamma y^{k(m,n)}(t)]dt. \tag{2.62}$$

对上式傅里叶展开, 从而得到

$$M^{m/n}(t_0; f, \gamma, \omega) = -\gamma J_1(m, n) + f J_2(m, n, \omega)\sin(\omega t_0), \tag{2.63}$$

其中

$$J_1(m, n) = \frac{2a^{3/2}[(2 - k^2(m, n))2E(k(m, n)) - 4k'^2(m, n)K(k(m, n))]}{3c(2 - k^2(m, n))^{3/2}}, \tag{2.64}$$

并且

$$J_2(m, n, \omega) = \begin{cases} 0, & n \neq 1, \\ \sqrt{\dfrac{2}{c}}\pi\omega\operatorname{sech}\dfrac{\pi m K'(k(m, 1))}{K(k(m, 1))}, & n = 1. \end{cases} \tag{2.65}$$

当 m 趋近于无限大时, $k(m, 1) = 1$, 此时

$$E(m, 1) = \int_0^{\frac{\pi}{2}}\sqrt{1 - k^2(m, 1)\sin^2\varphi}d\varphi = \int_0^{\frac{\pi}{2}}\sqrt{\cos^2\varphi}d\varphi = 1, J_1(m, 1) = \frac{4a^{3/2}}{3c}.$$

同时由于 $\dfrac{m}{K(k(m, 1))} = \dfrac{\omega}{\pi\sqrt{a}}$, $\lim\limits_{m \to +\infty} K'(k(m, 1)) = K(k'(m, 1)) = K(0) = \dfrac{\pi}{2}$, $k'(m, 1)^2 = 1 - k^2(m, 1)$,

$$\frac{\pi m K'(k(m, 1))}{K(k(m, 1))} = \frac{\pi\omega}{\pi\sqrt{a}}\frac{\pi}{2} = \frac{\pi\omega}{2\sqrt{a}}, \tag{2.66}$$

所以当 $m \to +\infty$ 时就有

$$\lim_{m\to\infty} M^{m/1}(t_0; f, \gamma, \omega) = -\frac{4a^{3/2}}{3c}\gamma \pm \pi f\omega\sqrt{\frac{2}{c}}\operatorname{sech}\frac{\pi\omega}{2\sqrt{a}}\sin(\omega t_0)$$

$$= M(t_0; f, \gamma, \omega). \tag{2.67}$$

2.3　本 章 小 结

本章基于 Guckenheimer 和 Holmes 的专著的 4.5 节 (Guckenheimer and Holmes, 1983), 对平面光滑系统同宿轨道和次谐轨道的经典 Melnikov 方法的推导过程进行了较为全面的介绍, 详细地给出了具有负线性刚度一般形式的 Duffing 振子未扰动系统的同宿轨道、周期轨道的解析表达式, 以及它们相应的 Melnikov 函数和极限联系, 重点对利用留数定理计算同宿轨道 Melnikov 函数的无穷限积分部分给出详细的计算和估计过程. 本章的内容是本书推广平面非光滑系统全局动力学 Melnikov 方法的重要基础.

第 3 章 平面非光滑系统同宿轨道的 Melnikov 方法

3.1 问题的描述

我们研究如下非光滑甚至不连续系统

$$\dot{x} = f(x) + \varepsilon g(x, t), \quad x \in \mathbb{R}^2, \ t \in \mathbb{R}, \tag{3.1}$$

其中

$$f(x) + \varepsilon g(x, t) = \begin{cases} JD_x H_-(x) + \varepsilon g_-(x, t), & x \in V_-, \\ JD_x H_+(x) + \varepsilon g_+(x, t), & x \in V_+, \end{cases} \tag{3.2}$$

其中 D_x 表示对 x 的偏导数, $\varepsilon(0 < \varepsilon \ll 1)$ 是一个小的参数. 我们用一个常值函数 $h : \mathbb{R}^2 \to \mathbb{R}, h \in C^r(\mathbb{R}^2, \mathbb{R}), r \geqslant 1$ 定义一个曲面 Σ, 使得这个曲面把相空间 $\mathbb{R}^2$ 分成两个开的且不相交的子集 V_- 和 V_+, 即 $\mathbb{R}^2 = V_- \cup \Sigma \cup V_+$. 则子集 V_-, V_+ 和曲面 Σ 分别能用公式表述为

$$\begin{aligned} V_- &= \{x \in \mathbb{R}^2 \mid h(x) < 0\}, \\ \Sigma &= \{x \in \mathbb{R}^2 \mid h(x) = 0\}, \\ V_+ &= \{x \in \mathbb{R}^2 \mid h(x) > 0\}. \end{aligned} \tag{3.3}$$

曲面 Σ 的法向量记为

$$\mathbf{n} = \mathbf{n}(x) = \mathbf{grad}\,(h(x)), \quad x \in \Sigma. \tag{3.4}$$

我们假设常值函数 h 满足条件 $\mathbf{n}(x) \neq 0$, 进一步假设 Hamilton 函数 $H_\pm : \mathbb{R}^2 \to \mathbb{R}$ 是 $C^{r+1}(r \geqslant 2)$ 的, $g_\pm : \mathbb{R}^2 \times \mathbb{R} \to \mathbb{R}$ 是 $C^r(r \geqslant 2)$ 的, 且 g 是关于 t 的 $\hat{T}$ 周期函数. 在系统 (3.1) 中, 矩阵 J 是一般的辛矩阵

$$\begin{pmatrix} 0 & 1 \\ -1 & 0 \end{pmatrix}.$$

3.2　同宿轨道的 Melnikov 方法

定义 3.1　称一个分段 C^1 的连续函数 $x(t)$ 是方程 (3.1) 的一个解, 如果 $x(t)$ 在 V_- 和 V_+ 内满足方程 (3.1), 且符合下面两个条件:

(1) 如果某个 t^* 满足 $x(t^*) \in \Sigma$, 则存在 $r > 0$ 使得对于任意的 $t \in (t^* - r, t^* + r)$ 且 $t \neq t^*$, $x(t) \in V_+ \cup V_-$.

(2) 如果当 $t \in (t^* - r, t^*)$ 时, 有 $x(t) \in V_-$, 则 $x(t)$ 在 $t = t^*$ 处的左导数满足等式 $\dot{x}(t^* - 0) = JD_x H_- (x(t^*)) + \varepsilon g_- (x(t^*), t^*)$; 如果当 $t \in (t^*, t^* + r)$ 时, 有 $x(t) \in V_+$, 则 $x(t)$ 在 $t = t^*$ 处的右导数满足等式 $\dot{x}(t^* + 0) = JD_x H_+ (x(t^*)) + \varepsilon g_+ (x(t^*), t^*)$.

对未扰动系统 (3.1)($\varepsilon = 0$) 作如下假设, 未扰动系统的相图如图 3.1 所示.

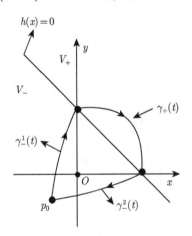

图 3.1　未扰动系统 (3.1) 的同宿轨道

假设 3.1　当 $\varepsilon = 0$ 时, 方程 (3.1) 有一个双曲平衡解 $p_0 \in V_-$, 且存在一个分段 C^1 连续解 $\gamma(t)$ 同宿于 p_0. 这个解 $\gamma(t)$ 包括三部分

$$\gamma(t) = \begin{cases} \gamma_-^1(t), & t \leqslant -T, \\ \gamma_+(t), & -T \leqslant t \leqslant T, \\ \gamma_-^2(t), & t \geqslant T, \end{cases} \tag{3.5}$$

其中, 当 $|t| > T$ 时, $\gamma_-^{1,2}(t) \in V_-$, 当 $|t| < T$ 时, $\gamma_+(t) \in V_+$, 且 $\gamma_-^1(-T) = \gamma_+(-T) \in \Sigma$ 和 $\gamma_-^2(T) = \gamma_+(T) \in \Sigma$.

假设 3.2　如果存在某个 t^*, 使得 $x(t^*) \in \Sigma$, 则

$$\left[\mathbf{grad}\, (h\,(x(t^*))) \cdot JD_x H_- (x(t^*)) \right] \cdot \left[\mathbf{grad}\, (h\,(x(t^*))) \cdot JD_x H_+ (x(t^*)) \right] > 0. \tag{3.6}$$

假设 3.2 意味着到达切换流形 Σ 的轨道会横截穿过切换流形 Σ.

与系统 (3.1) 等价的扭扩系统如下

$$
\begin{aligned}
\dot{x} &= f(x) + \varepsilon g(x, \theta), \\
\dot{\theta} &= 1,
\end{aligned}
\tag{3.7}
$$

其中 $\theta = t(\mathrm{mod}\,\hat{T}) \in \mathbb{S}^1$.

在三维相空间 $\mathbb{R}^2 \times \mathbb{S}^1$ 里, 推广文献 (Guckenheimer and Holmes, 1983) 中的引理 4.5.1 和引理 4.5.2, 我们可以得到下列命题.

命题 3.1 当 $\varepsilon = 0$ 时, 系统 (3.7) 存在一个双曲的周期轨道 $\eta_0 = \{(p_0, \theta) : p_0 \in V_-, \theta \in S^1\}$ 和分段 C^r 的二维稳定流形和不稳定流形, 分别记作 $W^s(\eta_0)$ 和 $W^u(\eta_0)$, 其相交构成二维的同宿流形 $\Gamma \equiv \{(\gamma(t), \theta) \in \mathbb{R}^2 \times S^1\}$. 当 $\varepsilon > 0$ 充分小时, 系统 (3.7) 有一个双曲的周期轨道 $\eta_\varepsilon = \{(p_\varepsilon, \theta) : p_\varepsilon \in V_-, \theta \in S^1\}$, 其中 $p_\varepsilon = p_0 + O(\varepsilon) \in \mathbb{R}^2$, 进一步 η_ε 有分段 C^r 的二维稳定流形和不稳定流形, 分别记作 $W^s(\eta_\varepsilon)$ 和 $W^u(\eta_\varepsilon)$, 且分别位于 $W^s(\eta_0)$ 和 $W^u(\eta_0)$ 的 ε 邻域内.

我们取定 $\theta_0 \in \mathbb{S}^1 \cong [0, \hat{T}]$, 并在 $\theta = \theta_0$ 的平面 $\Sigma_{\theta_0} = \mathbb{R}^2 \times \{\theta_0\}$ 上过点 $\gamma_+(0)$ 定义一个射线 L, 其方向为 $\nabla H_+(\gamma_+(0))$. 记 $p_{\varepsilon, \theta_0}$ 为 η_ε 和 Σ_{θ_0} 的交点, 并且假设 $q^{u,s}(t; \theta_0, \varepsilon)$ 位于系统 (3.1) 关于 $p_{\varepsilon, \theta_0}$ 的不稳定流形 $W^u(p_{\varepsilon, \theta_0})$ 和稳定流形 $W^s(p_{\varepsilon, \theta_0})$ 上, 如图 3.2 所示.

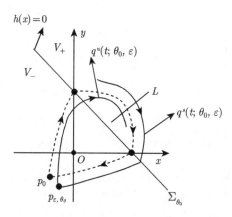

图 3.2 $p_{\varepsilon, \theta_0}$ 的稳定流形和不稳定流形

假设 $\theta_0 + T^{u,s}(\theta_0, \varepsilon)$ 是扰动轨道 $q^{u,s}(t; \theta_0, \varepsilon)$ 到达且将要横截穿过切换流形 Σ 的时间, 则

$$
\theta_0 + T^{u,s}(\theta_0, \varepsilon) = \theta_0 \mp T + O(\varepsilon).
\tag{3.8}
$$

记 $\tau_\varepsilon^u := \theta_0 + T^u(\theta_0, \varepsilon)$, $\tau_\varepsilon^s := \theta_0 + T^s(\theta_0, \varepsilon)$, 我们可以得到下列引理.

引理 3.1　对于任意的 $\theta_0 \in [0, \hat{T}]$ 和充分小的 $\varepsilon(\varepsilon > 0)$，存在 $\delta_i(\varepsilon)(i = 1, 2, 3)$ 使得 $\theta_0 - T - \delta_2(\varepsilon) < \tau_\varepsilon^u < \theta_0 - T + \delta_1(\varepsilon)$ 且 $\theta_0 + T - \delta_3(\varepsilon) < \tau_\varepsilon^s < \theta_0 + T + \delta_2(\varepsilon)$，则扰动轨道 $q^u(t; \theta_0, \varepsilon)$ 和 $q^s(t; \theta_0, \varepsilon)$ 可以被写成

$$q^u(t; \theta_0, \varepsilon)$$
$$= \begin{cases} q^{u,-}(t; \theta_0, \varepsilon) = \hat{\gamma}_-^1(t - \theta_0) + \varepsilon q_1^{u,-}(t, \theta_0) + O(\varepsilon^2), & t \in (-\infty, \tau_\varepsilon^u], \\ q^{u,+}(t; \theta_0, \varepsilon) = \hat{\gamma}_+(t - \theta_0) + \varepsilon q_1^{u,+}(t, \theta_0) + O(\varepsilon^2), & t \in [\tau_\varepsilon^u, \theta_0), \end{cases} \tag{3.9}$$

$$q^s(t; \theta_0, \varepsilon)$$
$$= \begin{cases} q^{s,+}(t; \theta_0, \varepsilon) = \hat{\gamma}_+(t - \theta_0) + \varepsilon q_1^{s,+}(t, \theta_0) + O(\varepsilon^2), & t \in (\theta_0, \tau_\varepsilon^s], \\ q^{s,-}(t; \theta_0, \varepsilon) = \hat{\gamma}_-^2(t - \theta_0) + \varepsilon q_1^{s,-}(t, \theta_0) + O(\varepsilon^2), & t \in [\tau_\varepsilon^s, +\infty), \end{cases} \tag{3.10}$$

其中

$$\hat{\gamma}_-^1(t - \theta_0) = \begin{cases} \gamma_-^1(t - \theta_0), & t \in (-\infty, \theta_0 - T), \\ \gamma_-^{1,E}(t - \theta_0), & t \in (\theta_0 - T, \theta_0 - T + \delta_1(\varepsilon)) \end{cases}$$

是定义在 $\mathbb{R}^2$ 上的方程 $(\dot{x}, \dot{y})^{\mathrm{T}} = JDH_-(x, y) + \varepsilon g_-(x, y, t)$ 的解.

$$\hat{\gamma}_+(t - \theta_0) = \begin{cases} \gamma_+^{1,E}(t - \theta_0), & t \in (\theta_0 - T - \delta_2(\varepsilon), \theta_0 - T), \\ \gamma_+(t - \theta_0), & t \in (\theta_0 - T, \theta_0 + T), \\ \gamma_+^{2,E}(t - \theta_0), & t \in (\theta_0 + T, \theta_0 + T + \delta_2(\varepsilon)) \end{cases}$$

是定义在 $\mathbb{R}^2$ 上的方程 $(\dot{x}, \dot{y})^{\mathrm{T}} = JDH_+(x, y) + \varepsilon g_+(x, y, t)$ 的解.

$$\hat{\gamma}_-^2(t - \theta_0) = \begin{cases} \gamma_-^{2,E}(t - \theta_0), & t \in (\theta_0 + T - \delta_3(\varepsilon), \theta_0 + T), \\ \gamma_-^2(t - \theta_0), & t \in (\theta_0 + T, +\infty) \end{cases}$$

是定义在 $\mathbb{R}^2$ 上的方程 $(\dot{x}, \dot{y})^{\mathrm{T}} = JDH_-(x, y) + \varepsilon g_-(x, y, t)$ 的解.
而且，$q_1^{u,\pm}(t, \theta_0)$ 和 $q_1^{s,\pm}(t, \theta_0)$ 是下列线性方程的解

$$\dot{y} = JD_x H_\pm \left(\hat{\gamma}_\pm^i(t - \theta_0) \right) \cdot y + g_\pm \left(\hat{\gamma}_\pm^i(t - \theta_0), t \right), \tag{3.11}$$

其中 $i = 1, 2$.

证明：该引理的证明是对专著 (Guckenheimer and Holmes, 1983) 中引理 4.5.2 的证明的直接修改. 为了解决在切换流形上由向量场的非光滑性引起的问题，不失一般性，在整个相空间 $\mathbb{R}^2$ 上，我们把解 $\gamma_\pm^i(t - \theta_0)(i = 1, 2)$ 拓展成 $\hat{\gamma}_\pm^i(t - \theta_0)$.

假设

$$\Delta_\varepsilon^{u(s),\pm} = \varepsilon J D_x H_\pm \left(\hat{\gamma}_\pm^i (t - \theta_0) \right) \wedge q_1^{u(s),\pm}(t, \theta_0), \tag{3.12}$$

则在光滑情形下有

$$\dot{\Delta}_\varepsilon^{u(s),\pm} = \varepsilon J D_x H_\pm \left(\hat{\gamma}_\pm^i (t - \theta_0) \right) \wedge g_\pm \left(\hat{\gamma}_\pm^i (t - \theta_0), t \right), \tag{3.13}$$

其中 $i = 1, 2$. 由于 $f(p_0) = J D_x H_\pm(p_0) = 0$ 和 $q_1^{u(s),\pm}(t, \theta_0)$ 的有界性, 很容易得到 $\Delta_\varepsilon^{u,-}(-\infty, \theta_0) = \Delta_\varepsilon^{s,+}(+\infty, \theta_0) = 0$.

然后, 我们用 Hamilton 函数 H_+ 度量轨道 $q^u(\theta_0; \theta_0, \varepsilon)$ 和 $q^s(\theta_0; \theta_0, \varepsilon)$ 之间的距离, 可以得到如下的能量函数

$$
\begin{aligned}
H_+(\theta_0) &= H_+\left(q^u(\theta_0; \theta_0, \varepsilon) \right) - H_+\left(q^s(\theta_0; \theta_0, \varepsilon) \right) \\
&= [\Delta_\varepsilon^{u,+}(\theta_0, \theta_0) - \Delta_\varepsilon^{u,+}(\theta_0 - T, \theta_0)] \\
&\quad + [\Delta_\varepsilon^{u,+}(\theta_0 - T, \theta_0) - \Delta_\varepsilon^{u,-}(\theta_0 - T, \theta_0)] \\
&\quad + [\Delta_\varepsilon^{u,-}(\theta_0 - T, \theta_0) - \Delta_\varepsilon^{u,-}(-\infty, \theta_0)] \\
&\quad + [\Delta_\varepsilon^{s,-}(+\infty, \theta_0) - \Delta_\varepsilon^{s,-}(\theta_0 + T, \theta_0)] \\
&\quad + [\Delta_\varepsilon^{s,-}(\theta_0 + T, \theta_0) - \Delta_\varepsilon^{s,+}(\theta_0 + T, \theta_0)] \\
&\quad + [\Delta_\varepsilon^{s,+}(\theta_0 + T, \theta_0) - \Delta_\varepsilon^{s,+}(\theta_0, \theta_0)] + O(\varepsilon^2) \\
&= \varepsilon \int_{-\infty}^{+\infty} f\left(\gamma(t - \theta_0) \right) \wedge g\left(\gamma(t - \theta_0), t \right) dt \\
&\quad + [\Delta_\varepsilon^{u,+}(\theta_0 - T, \theta_0) - \Delta_\varepsilon^{u,-}(\theta_0 - T, \theta_0)] \\
&\quad + [\Delta_\varepsilon^{s,-}(\theta_0 + T, \theta_0) - \Delta_\varepsilon^{s,+}(\theta_0 + T, \theta_0)] + O(\varepsilon^2).
\end{aligned}
\tag{3.14}
$$

上式中 $\Delta_\varepsilon^{u,-}(\theta_0 - T, \theta_0)$ 和 $-\Delta_\varepsilon^{s,-}(\theta_0 + t^s, \theta_0)$ 分别可以通过式 (3.13) 在区间 $t \in [-\infty, \theta_0 - T]$ 和 $t \in [\theta_0 + T, +\infty]$ 上积分求得

$$\Delta_\varepsilon^{u,-}(\theta_0 - T, \theta_0) = \varepsilon \int_{-\infty}^{\theta_0 - T} J D_x H_- \left(\gamma(t - \theta_0) \right) \wedge g_- \left(\gamma(t - \theta_0), t \right) dt, \tag{3.15}$$

$$-\Delta_\varepsilon^{s,-}(\theta_0 + T, \theta_0) = \varepsilon \int_{\theta_0 + T}^{+\infty} J D_x H_- \left(\gamma(t - \theta_0) \right) \wedge g_- \left(\gamma(t - \theta_0), t \right) dt. \tag{3.16}$$

接下来, 需要计算 $\Delta_\varepsilon^{u,+}(\theta_0 - T, \theta_0)$ 和 $\Delta_\varepsilon^{s,+}(\theta_0 + T, \theta_0)$, 因此必须先求得 (3.11) 的解 $q_1^{u,+}(t, \theta_0)$ 和 $q_1^{s,+}(t, \theta_0)$. 因此, 我们给出如下引理.

引理 3.2

$$q_1^{u,+}(\theta_0 - T, \theta_0) = K q_1^{u,-}(\theta_0 - T, \theta_0), \tag{3.17}$$

$$q_1^{s,+}(\theta_0 + T, \theta_0) = K'q_1^{s,-}(\theta_0 + T, \theta_0), \tag{3.18}$$

其中矩阵 K 和 K' 如下所示

$$K = E + \frac{\left(\dot{\gamma}_+(-T) - \dot{\gamma}_-^1(-T)\right)\mathbf{n}\left(\gamma(-T)\right)}{\mathbf{n}\left(\gamma(-T)\right)\cdot\dot{\gamma}_-^1(-T)}, \tag{3.19}$$

$$K' = E + \frac{\left(\dot{\gamma}_+(T) - \dot{\gamma}_-^2(T)\right)\mathbf{n}\left(\gamma(T)\right)}{\mathbf{n}\left(\gamma(T)\right)\cdot\dot{\gamma}_-^2(T)}, \tag{3.20}$$

这里 E 是单位矩阵, 而且

$$\Delta_\varepsilon^{u,+}(\theta_0 - T, \theta_0) = \frac{\mathbf{n}\left(\gamma(-T)\right)\cdot\dot{\gamma}_+(-T)}{\mathbf{n}\left(\gamma(-T)\right)\cdot\dot{\gamma}_-^1(-T)}\Delta_\varepsilon^{u,-}(\theta_0 - T, \theta_0), \tag{3.21}$$

$$\Delta_\varepsilon^{s,+}(\theta_0 + T, \theta_0) = \frac{\mathbf{n}\left(\gamma(T)\right)\cdot\dot{\gamma}_+(T)}{\mathbf{n}\left(\gamma(T)\right)\cdot\dot{\gamma}_-^2(T)}\Delta_\varepsilon^{s,-}(\theta_0 + T, \theta_0). \tag{3.22}$$

证明: 因为当 $t \in (\tau_\varepsilon^u, \theta_0)$ 时, 注意到 $q^{u,+}(\tau_\varepsilon^u; \theta_0, \varepsilon) = q^{u,-}(\tau_\varepsilon^u; \theta_0, \varepsilon)$, 则

$$q^{u,+}(t; \theta_0, \varepsilon) = \int_{\tau_\varepsilon^u}^t JD_xH_+\left(q^{u,+}(t; \theta_0, \varepsilon)\right) + \varepsilon g_+\left(q^{u,+}(t; \theta_0, \varepsilon), t\right)dt$$
$$+ q^{u,-}(\tau_\varepsilon^u; \theta_0, \varepsilon). \tag{3.23}$$

等式 (3.23) 两端关于 ε 求导, 且令 $t = \theta_0 - T$ 和 $\varepsilon = 0$, 则

$$q_1^{u,+}(\theta_0 - T, \theta_0) = q_1^{u,-}(\theta_0 - T, \theta_0) + \left(\dot{\gamma}_-^1(-T) - \dot{\gamma}_+(-T)\right)\frac{d\tau_\varepsilon^u}{d\varepsilon}\bigg|_{\varepsilon=0}. \tag{3.24}$$

又因为当 $q^{u,-}(\tau_\varepsilon^u; \theta_0, \varepsilon) \in \Sigma$ 时,

$$h\left(q^{u,-}(\tau_\varepsilon^u; \theta_0, \varepsilon)\right) = 0. \tag{3.25}$$

等式 (3.25) 两端关于 ε 求导, 并令 $\varepsilon = 0$, 则

$$\frac{d\tau_\varepsilon^u}{d\varepsilon}\bigg|_{\varepsilon=0} = -\frac{\mathbf{n}\left(\gamma(-T)\right)\cdot q_1^{u,-}(\theta_0 - T, \theta_0)}{\mathbf{n}\left(\gamma(-T)\right)\cdot\dot{\gamma}_-^1(-T)}. \tag{3.26}$$

把式 (3.26) 代入式 (3.24) 中, 我们可以得到

$$q_1^{u,+}(\theta_0 - T, \theta_0) = Kq_1^{u,-}(\theta_0 - T, \theta_0),$$

其中 K 为式 (3.19). 根据 (3.12) 和 (3.16), 可以得

$$\Delta_\varepsilon^{u,+}(\theta_0 - T, \theta_0) = \varepsilon JD_xH_+\left(\gamma(-T)\right)\wedge q_1^{u,+}(\theta_0 - T, \theta_0)$$

$$\begin{aligned}
&= \varepsilon \dot{\gamma}_+(-T) \wedge K q_1^{u,-}(\theta_0 - T, \theta_0) \\
&= \varepsilon \frac{\mathbf{n}\left(\gamma(-T)\right) \cdot \dot{\gamma}_+(-T)}{\mathbf{n}\left(\gamma(-T)\right) \cdot \dot{\gamma}_-^1(-T)} \dot{\gamma}_-^1(-T) \wedge q_1^{u,-}(\theta_0 - T, \theta_0) \\
&= \varepsilon \frac{\mathbf{n}\left(\gamma(-T)\right) \cdot \dot{\gamma}_+(-T)}{\mathbf{n}\left(\gamma(-T)\right) \cdot \dot{\gamma}_-^1(-T)} J D_x H_+\left(\gamma(-T)\right) \wedge q_1^{u,-}(\theta_0 - T, \theta_0) \\
&= \varepsilon \frac{\mathbf{n}\left(\gamma(-T)\right) \cdot \dot{\gamma}_+(-T)}{\mathbf{n}\left(\gamma(-T)\right) \cdot \dot{\gamma}_-^1(-T)} \Delta_\varepsilon^{u,-}(\theta_0 - T, \theta_0).
\end{aligned} \tag{3.27}$$

式 (3.18) 和式 (3.22) 的证明与前面的证明类似, 因此在这我们省略了它们的证明过程. 需要强调的是, (3.27) 第三个等式是证明关键, 需要运用矩阵计算进行验证. 最后, 我们把式 (3.15), (3.16), (3.21) 和 (3.22) 代入式 (3.14) 中, 可以得到该平面非光滑非自治系统一阶的 Melnikov 函数

$$\begin{aligned}
M(\theta_0) = &\left(\frac{\mathbf{n}(\gamma(-T)) \cdot \dot{\gamma}_+(-T)}{\mathbf{n}(\gamma(-T)) \cdot \dot{\gamma}_-^1(-T)} - 1 \right) \int_{-\infty}^{\theta_0 - T} J D_x H_-(\gamma(t - \theta_0)) \wedge g_-(\gamma(t-\theta_0), t) dt \\
&+ \int_{-\infty}^{+\infty} f(\gamma(t - \theta_0)) \wedge g(\gamma(t - \theta_0), t) dt + \left(\frac{\mathbf{n}(\gamma(T)) \cdot \dot{\gamma}_+(T)}{\mathbf{n}(\gamma(T)) \cdot \dot{\gamma}_-^2(T)} - 1 \right) \\
&\cdot \int_{\theta_0 + T}^{+\infty} J D_x H_-(\gamma(t - \theta_0)) \wedge g_-(\gamma(t-\theta_0), t) dt.
\end{aligned} \tag{3.28}$$

上面非光滑系统的一阶 Melnikov 函数的等价形式如下

$$\begin{aligned}
M(\theta_0) = &\frac{\mathbf{n}(\gamma(-T)) \cdot \dot{\gamma}_+(-T)}{\mathbf{n}(\gamma(-T)) \cdot \dot{\gamma}_-^1(-T)} \int_{-\infty}^{-T} J D_x H_-(\gamma(t)) \wedge g_-(\gamma(t), t + \theta_0) dt \\
&+ \int_{-T}^{T} J D_x H_+(\gamma(t)) \wedge g_+(\gamma(t), t + \theta_0) dt \\
&+ \frac{\mathbf{n}(\gamma(T)) \cdot \dot{\gamma}_+(T)}{\mathbf{n}(\gamma(T)) \cdot \dot{\gamma}_-^2(T)} \int_T^{+\infty} J D_x H_-(\gamma(t)) \wedge g_-(\gamma(t), t + \theta_0) dt.
\end{aligned} \tag{3.29}$$

定理 3.3 当 ε 充分小时, 假设 (3.1) 和 (3.2) 成立, 且存在一个常数 $\theta_0(\theta_0 \in \mathbb{S}^1 \cong [0, \hat{T}])$ 使得

$$M(\theta_0) = 0, \quad M'(\theta_0) \neq 0. \tag{3.30}$$

则 $W^s(\eta_\varepsilon)$ 和 $W^u(\eta_\varepsilon)$ 在 θ_0 附近横截相交.

现在, 我们考虑在方程 (3.1) 中将依赖于参数 μ 的 $g = g(x,t;\mu), \mu \in \mathbb{R}^k$ 作为扰动项. 简单地, 我们取 $k = 1$, 则有该类周期扰动下的分段光滑平面系统的同宿分岔定理如下.

定理 3.4 考虑系统 (3.1), 我们令 $g = g(x,t;\mu), \mu \in \mathbb{R}^1$ 且假设 (3.1) 和 (3.2) 成立. 如果存在 $\bar{\theta}_0 \in \mathbb{S}^1 \cong [0, \hat{T}]$ 和 $\bar{\mu}$ 使得非光滑系统的一阶 Melnikov 函

数 $M(\theta_0, \mu)$ 存在一个 (二次) 零点, 即满足下列条件

$$M(\bar{\theta}_0, \bar{\mu}) = \frac{\partial M}{\partial \theta_0}(\bar{\theta}_0, \bar{\mu}) = 0,$$

$$\frac{\partial^2 M}{\partial \theta_0^2}(\bar{\theta}_0, \bar{\mu}) \neq 0, \tag{3.31}$$

$$\frac{\partial M}{\partial \mu}(\bar{\theta}_0, \bar{\mu}) \neq 0,$$

则 $\mu = \bar{\mu} + O(\varepsilon)$ 是系统 (3.1) 产生二次同宿相切的一个分岔值.

研究不连续系统全局动力学方面的学者在推广经典的 Melnikov 方法过程中, 得到的 Melnikov 函数含有由系统的不连续性产生的差值部分, 该 Melnikov 函数不容易计算且不易于工程应用. 但在本章中, 我们通过巧妙的计算技巧得到了引理 3.2, 把差值部分转换成了积分部分, 形式简单且易于工程应用.

3.3　同宿轨道 Melnikov 方法的应用

3.3.1　应用实例

在本节中, 我们将利用上述的 Melnikov 函数研究一类平面周期摄动分段光滑系统的全局分岔和混沌动力学. 考虑的方程可以写成

$$\begin{cases} \dot{x} = by, \\ \dot{y} = \omega_0^2 \left(\dfrac{1}{\alpha} - 1 \right) x - 2\mu y + f_0 \cos(\Omega t), & |x| < \alpha, \\ \dot{x} = cy, \\ \dot{y} = -\omega_0^2 (x - \operatorname{sign}(x)) - 2\mu y + f_0 \cos(\Omega t), & |x| > \alpha, \end{cases} \tag{3.32}$$

其中 b 和 c 是两个正常数 ($c > 0, d > 0$), $0 < \alpha < 1$, μ 表示黏性阻尼系数, f_0 表示周期外激励幅值.

方程 (3.32) 可以看作一个三分段具有饱和与死区性质的简单线性反馈控制系统. 前面发展的非光滑系统 Melnikov 方法是针对平面状态空间被超曲面 Σ 划分为两个开的、不相交的子集 V_- 和 V_+ 的情况, 考虑到本节研究的系统关于 y 轴的对称性, 仍然可以直接应用处理本节平面被分成三个开集的全局分岔和混沌动力学系统, 其中两个对称超曲面取为 $h(x, y) = x \mp \alpha$.

在不考虑阻尼和激励作用的情况下, 即令 $\mu = f = 0$, 系统 (3.32) 的未扰动系统可以写为如下形式

$$\dot{x} = y = \frac{\partial H}{\partial y},$$

$$\dot{y} = -\omega_0^2(x - f_\alpha(x)) = -\frac{\partial H}{\partial x}. \tag{3.33}$$

它是一个分段定义的 Hamilton 系统, 其 Hamilton 函数为

$$H(x, y) = \begin{cases} H_-(x, y) = \dfrac{1}{2}by^2 + \dfrac{1}{2}\omega_0^2 x^2 - \dfrac{1}{2\alpha}\omega_0^2 x^2, & |x| < \alpha, \\[3mm] H_+(x, y) = \dfrac{1}{2}cy^2 + \dfrac{1}{2}\omega_0^2 x^2 - \omega_0^2 \mathrm{sign}(x)x + \dfrac{1}{2}\omega_0^2\alpha, & |x| > \alpha. \end{cases} \tag{3.34}$$

容易计算得出未扰动系统 (3.33) 有平衡点 $(0, 0)$, $(\pm 1, 0)$. 通过分析未扰动系统 (3.33) 平衡点处 Jacobi 矩阵的特征值可以验证 $(0, 0)$ 是鞍点, $(\pm 1, 0)$ 是中心, 且存在一对连接 $(0, 0)$ 到自身的同宿轨道. 未扰动系统 (3.33) 的拓扑等价相图如图 3.3 所示.

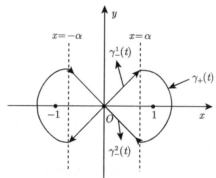

图 3.3　未扰动系统 (3.33) 的同宿轨道

3.3.2　Melnikov 分析

y 轴右侧的同宿轨道被切换流形 $\Sigma = \{(x, y) | x = a\}$ 分成一个椭圆段和两个直线段, 椭圆段记为 $\gamma_+(t)$, 两条线段分别记为 $\gamma_-^1(t)$ 和 $\gamma_-^2(t)$, 当 $t \to -\infty$ 和 $t \to +\infty$ 时分别趋近于 $(0, 0)$ 点. 利用 Hamilton 能量守恒定理和 $H(0,0) = 0$, 计算出同宿轨道的解析表达式为

$$\gamma(t) = \begin{cases} \gamma_-^1(t) = \left(\alpha \exp(\lambda(t + T)),\ \dfrac{\alpha\lambda}{b}\exp(\lambda(t + T))\right), & t \leqslant -T, \\[3mm] \gamma_+(t) = \left(1 + d\cos(\omega_0\sqrt{c}\,t),\ -\dfrac{d}{\sqrt{c}}\omega_0\sin(\omega_0\sqrt{c}\,t)\right), & -T \leqslant t \leqslant T, \\[3mm] \gamma_-^2(t) = \left(\alpha \exp(-\lambda(t - T)),\ -\dfrac{\alpha\lambda}{b}\exp(-\lambda(t - T))\right), & t \geqslant T, \end{cases} \tag{3.35}$$

其中

$$\lambda = w_0\sqrt{\frac{(1 - \alpha)b}{\alpha}}, \quad d = \sqrt{(1 - \alpha)\left(1 + \left(\frac{c}{b} - 1\right)\alpha\right)},$$

$$T = \frac{1}{w_0\sqrt{c}} \arccos\left(\frac{\alpha - 1}{d}\right). \tag{3.36}$$

从系统 (3.32) 中我们可以得到 $g(x,y) = (0,\ -2\mu y + f_0\cos(\Omega t))$, $\mathbf{n}(h(x,y)) = \mathbf{grad}(h(x,y)) = (1,\ 0)$, 则此非光滑系统一阶 Melnikov 函数为

$$\begin{aligned}
M(\theta_0) =& \frac{c}{b}\int_{-\infty}^{-T} JD_x H_-(\gamma(t)) \wedge g(\gamma(t), t+\theta_0)dt \\
&+ \int_{-T}^{T} JD_x H_+(\gamma(t)) \wedge g(\gamma(t), t+\theta_0)dt \\
&+ \frac{c}{b}\int_{T}^{+\infty} JD_x H_-(\gamma(t)) \wedge g(\gamma(t), t+\theta_0)dt.
\end{aligned} \tag{3.37}$$

进一步, 我们可以得到

$$M(\theta_0) = -2\mu A(\alpha, w_0, \lambda, T) + f_0 B(\alpha, w_0, \lambda, T)\sin(\Omega\theta_0), \tag{3.38}$$

其中

$$\begin{aligned}
A(\alpha, w_0, \lambda, T) =& \left(\frac{c}{2b^2} + \frac{1}{2c}\right)\alpha^2\lambda + d^2 w_0^2 T + \sqrt{\frac{d^2 - (1-\alpha)^2}{c}}\,w_0(1-\alpha), \\
B(\alpha, w_0, \lambda, T) =& \frac{2c\alpha\lambda}{b(\lambda^2 + \Omega^2)}(\lambda\sin(\Omega T) + \Omega\cos(\Omega T)) \\
&+ dw_0\sqrt{c}\left(\frac{\sin((\sqrt{c}w_0 - \Omega)T)}{\sqrt{c}w_0 - \Omega} - \frac{\sin((\sqrt{c}w_0 + \Omega)T)}{\sqrt{c}w_0 + \Omega}\right).
\end{aligned}$$

在上述得到的 Melnikov 函数中, 相应的参数 d, T 和 λ 在式 (3.36) 中给出. 如果存在 $\bar{\theta}_0$

$$M(\bar{\theta}_0) = 0, \qquad \frac{dM}{d\theta_0}(\bar{\theta}_0) \neq 0, \tag{3.39}$$

即 $M(\theta_0)$ 在 $\bar{\theta}_0$ 处有简单零点, 当且仅当有如下不等式成立

$$2\mu A(\alpha, w_0, \lambda, T) < f_0|B|. \tag{3.40}$$

3.3.3　数值模拟

我们选取 $w_0 = 1$, 并固定参数 $c = 1$. 取不同的 μ 值时, 由 (3.40) 可得系统 (3.32) 关于 Ω 和 f_0 的混沌阈值曲线, 如图 3.4 所示. 若固定 μ 的值, 每个阈值曲线上方是系统将产生混沌运动的区域. 图 3.4(a), (b) 分别表示当 $b = 0.6$ 和 $b = 1$ 时的阈值曲线图.

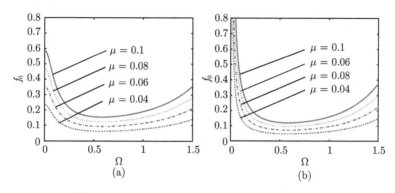

图 3.4 系统 (3.32) 的混沌阈值: (a) 当 $b = 0.6$ 时; (b) 当 $b = 1$ 时

接下来, 对系统 (3.32) 进行了数值模拟, 以研究系统的混沌动力学. 我们选择 $\omega_0 = 1$, 并选取 $c = 1$, $\alpha = 0.6$, $f_0 = 0.82$ 和 $\omega = 1.05$. 在下面的数值模拟中, 选择 b 和阻尼 μ 作为可变参数. 图 3.5 至图 3.8 验证了发展的 Melnikov 方法在分析混沌吸引子存在性方面的有效性.

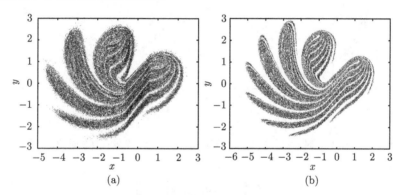

图 3.5 当 $\mu = 0.01$ 时, 系统 (3.32) 的混沌吸引子: (a) 当 $b = 0.6$ 时; (b) 当 $b = 1$ 时

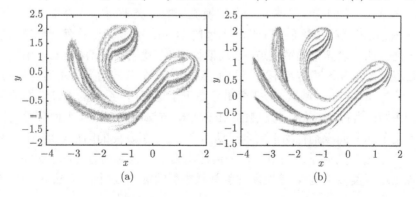

图 3.6 当 $\mu = 0.04$ 时, 系统 (3.32) 的混沌吸引子: (a) 当 $b = 0.6$ 时; (b) 当 $b = 1$ 时

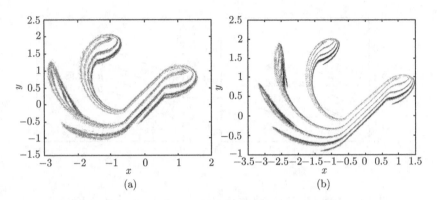

图 3.7　当 $\mu = 0.06$ 时, 系统 (3.32) 的混沌吸引子: (a) 当 $b = 0.6$ 时; (b) 当 $b = 1$ 时

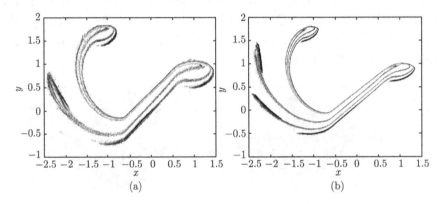

图 3.8　当 $\mu = 0.1$ 时, 系统 (3.32) 的混沌吸引子: (a) 当 $b = 0.6$ 时; (b) 当 $b = 1$ 时

3.4　本 章 小 结

在本章中, 我们考虑了具有一个切换流形的一类平面非自治非光滑甚至不连续系统. 假设未扰动系统是一个分段光滑的 Hamilton 系统, 具有一个横截穿过切换流形两次的分段光滑同宿轨道. 在周期扰动下, 我们利用 Hamilton 函数来度量扰动后稳定流形和不稳定流形之间的距离, 通过一个有效的摄动技巧, 得到完全是积分形式的 Melnikov 函数, 形式简单且易于工程应用, 系统的不连续性体现在积分项的系数. 然后, 利用本章发展的 Melnikov 方法研究了一类平面分段光滑系统在黏性阻尼和周期激励扰动下的全局动力学, 验证了发展的同宿轨道 Melnikov 方法在分析平面非光滑系统同宿分岔和混沌动力学参数阈值方面的有效性, 同时数值模拟出现了类似于 Cao 等发现的手掌状类型的混沌吸引子 (Cao et al., 2006).

第 4 章 平面非光滑系统次谐轨道的 Melnikov 方法

4.1 问题的描述

设 α 和 β 是两个正数, 定义两个切换流形为

$$\begin{aligned}
\Sigma_1 &= \{(x,y) | x = \beta\} = \Sigma_1^+ \cup \Sigma_1^- \cup (-\alpha, 0), \\
\Sigma_2 &= \{(x,y) | x = -\alpha\} = \Sigma_2^+ \cup \Sigma_2^- \cup (\beta, 0),
\end{aligned} \tag{4.1}$$

其中相应的切换流形 Σ_1^+, Σ_1^-, Σ_2^+ 和 Σ_2^- 分别表示为

$$\begin{aligned}
\Sigma_1^+ &= \{(x,y) \in \mathbb{R}^2 \mid x = -\alpha, \, y > 0\}, \\
\Sigma_1^- &= \{(x,y) \in \mathbb{R}^2 \mid x = -\alpha, \, y < 0\}, \\
\Sigma_2^+ &= \{(x,y) \in \mathbb{R}^2 \mid x = \beta, \, y > 0\}, \\
\Sigma_2^- &= \{(x,y) \in \mathbb{R}^2 \mid x = \beta, \, y < 0\},
\end{aligned} \tag{4.2}$$

并且在切换流形上任意点的法向量定义为 $\mathbf{n}(-\alpha, y) = \mathbf{n}(\beta, y) = (1, 0)$.

切换流形 Σ_1 和 Σ_2 把相平面 $\mathbb{R}^2$ 分成 M_1, M_2 和 M_3 三个互不相交的开集

$$\begin{aligned}
M_1 &= \{(x,y) \in \mathbb{R}^2 \mid x < -\alpha\}, \\
M_2 &= \{(x,y) \in \mathbb{R}^2 \mid -\alpha < x < \beta\}, \\
M_3 &= \{(x,y) \in \mathbb{R}^2 \mid x > \beta\}.
\end{aligned} \tag{4.3}$$

我们考虑下面一类平面分段光滑系统

$$\begin{aligned}
\begin{pmatrix} \dot{x} \\ \dot{y} \end{pmatrix} &= f(x,y) + \varepsilon g(x,y,t) \\
&= JDH(x,y) + \begin{cases} \varepsilon g_1(x,y,t), & (x,y) \in M_1, \\ \varepsilon g_2(x,y,t), & (x,y) \in M_2, \\ \varepsilon g_3(x,y,t), & (x,y) \in M_3, \end{cases}
\end{aligned} \tag{4.4}$$

其中 $\varepsilon(0 < \varepsilon \leqslant 1)$ 是一个任意小的参数, 函数 $g_i(i = 1, 2, 3)$ 是 $\mathbb{R}^2 \times \mathbb{R} \longrightarrow \mathbb{R}^2$ 上关于时间 t 为 $\hat{T}$ 周期的光滑函数, Hamilton 能量函数 $H(x, y)$ 定义为

$$
H(x,y) \triangleq \begin{cases}
H_1(x,y) \triangleq \dfrac{y^2}{2} + V_1(x), & (x,y) \in M_1, \\[2mm]
H_2(x,y) \triangleq \dfrac{y^2}{2} + V_2(x), & (x,y) \in M_2, \\[2mm]
H_3(x,y) \triangleq \dfrac{y^2}{2} + V_3(x), & (x,y) \in M_3,
\end{cases} \tag{4.5}
$$

这里 $D \equiv \left(\dfrac{\partial}{\partial x}, \dfrac{\partial}{\partial y} \right)$ 定义为梯度算子, J 为第 3 章所定义的辛矩阵.

通过前面的描述, 我们可知两个切换流形将平面分成三个区域, 每个区域的动力学被相应的光滑系统所控制. 从定义的 Hamilton 函数 H 我们易知 $\dot{x} = y + O(\varepsilon)$, 因此相平面的轨迹是沿着顺时针方向的. 为了研究次谐轨道的 Melnikov 方法, 对未扰动系统 ($\varepsilon = 0$) 给出如下的假设.

假设 4.1　函数 $V_i(i = 1, 2, 3)$ 是 $C^\infty(\mathbb{R})$, 同时满足

$$
V_1(-\alpha) = V_2(-\alpha), \quad V_2(\beta) = V_3(\beta), \quad V_2'(0) = 0, \quad V_2''(0) < 0. \tag{4.6}
$$

假设 4.1 意味着 $(0, 0)$ 点是未扰动系统的鞍点, 且 Hamilton 能量函数 $H_1(-\alpha, y) = H_2(-\alpha, y)$, $H_2(\beta, y) = H_3(\beta, y)$.

假设 4.2　(4.4) 的未扰动系统存在一对分段光滑的同宿轨道, 其分别横截穿过两个切换流形 Σ_1 和 Σ_2 两次, 同宿于 $(0, 0)$ 且满足下面的等能量曲线

$$
\{(x, y) \in \mathbb{R}^2 | H_1(x, y) = H_2(x, y) = H_3(x, y) = H_2(0, 0) = c_1 > 0\}. \tag{4.7}
$$

假设 4.3　假设 4.2 中的同宿轨道的外部完全被横截穿过两个切换流形 Σ_1 和 Σ_2 的周期轨道所覆盖, 且周期轨道满足

$$
\Lambda_c = \{(x, y) \in \mathbb{R}^2 | H_1(x, y) = H_2(x, y) = H_3(x, y) = c > c_1\}. \tag{4.8}
$$

假设 4.4　周期轨道 Λ_c 是关于 c 的单调函数.

(4.4) 的未扰动系统的相图如图 4.1 所示.

我们注意到被周期轨道 Λ_c 所覆盖的区域是无界的. 而我们的主要目的是研究位于同宿轨道外的周期轨道 Λ_c 在时间周期扰动下的维持性. 对于光滑系统的次谐轨道已经通过经典的次谐 Melnikov 方法给出, 我们主要去发展这些经典的次

谐 Melnikov 方法使之适用于具有两个切换流形的分段光滑系统. 接下来我们给出几个概念, 并给出在接下来的分析中会用到的记号.

$\Pi_x : \mathbb{R}^2 \to \mathbb{R}$ 是一个映射, 定义为 $\Pi_x(x, y) = x$, 同理定义 $\Pi_y(x, y) = y$. 定义两个向量 $\alpha = (x_1, y_1)$ 和 $\beta = (x_2, y_2)$ 的外积为 $\alpha \wedge \beta = x_1 y_2 - x_2 y_1$.

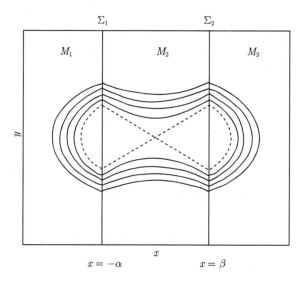

图 4.1   未扰动系统 ($\varepsilon = 0$) 的相图

为了研究上述提到的分段光滑系统 (4.4), 给出该系统在各个区域内解的定义. 对于系统 (4.4), 我们假设 $\phi_1(t; t_0, x_0, y_0, \varepsilon)$ 是 $t = t_0$ 时过点 $(x_0, y_0) \in M_1$ 在区域 M_1 内的流, 且 $t_1(t_1 > t_0)$ 为满足条件

$$\Pi_x(\phi_1(t_1; t_0, x_0, y_0, \varepsilon)) = -\alpha$$

时 t 的最小值.

类似地, 当 $y_1 > 0$ 时用 $\phi_2^+(t; t_0, x_1, y_1, \varepsilon)$ 和当 $y_1 < 0$ 时用 $\phi_2^-(t; t_0, x_1, y_1, \varepsilon)$ 分别表示系统 (4.4) ($t = t_1$ 时过点 $(x_1, y_1) \in M_2$) 在区域 M_2 内的流, 且 $t_2(t_2 > t_0)$ 为满足条件 $\Pi_x(\phi_2^+(t_2; t_0, x_1, y_1, \varepsilon)) = \beta$ 和 $\Pi_x(\phi_2^-(t_2; t_0, x_1, y_1, \varepsilon)) = -\alpha$ 时 t 的最小值. 设 $\phi_3(t; t_0, x_2, y_2, \varepsilon)$ 表示系统 (4.4)($t = t_0$ 时过点 $(x_2, y_2) \in M_3$) 在区域 M_3 内的流, 且 $t_3(t_3 > t_0)$ 为满足条件 $\Pi_x(\phi_3(t_3; t_0, x_2, y_2, \varepsilon)) = \beta$ 时 t 的最小值. 因为当系统的轨道到达切换流形 $\Sigma_1 \cup \Sigma_2$ 时会横截穿过, 通过适当地衔接在各个区域内的 ϕ_1, $\phi_2^\pm$ 和 ϕ_3, 可以将系统 (4.4) 的解延拓到 $t \geqslant t_0$ 的时间段上, 系统解的相图如图 4.2 所示.

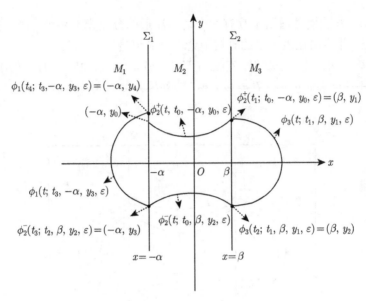

图 4.2　扰动系统 (4.4) 的解的相图

4.2　次谐轨道的 Melnikov 方法

4.2.1　Poincaré 映射

现在我们将时间作为一个变量考虑到系统 (4.4) 中, 并将 $t = 1$ 代入, 在本节中, 我们只考虑在每个循环下横截穿过两个切换流形 Σ_1 和 Σ_2 两次的周期轨道, 接下来我们在扩展的相空间定义 Poincaré 截面

$$\tilde{\Sigma}_1^+ = \{(-\alpha, y, t) \in \mathbb{R}^2 \times \mathbb{R} \mid \sqrt{2V_2(0) - 2V_1(-\alpha)} < y\}. \tag{4.9}$$

其他相应的截面定义为

$$\tilde{\Sigma}_2^+ = \{(\beta, y, t) \in \mathbb{R}^2 \times \mathbb{R} \mid \sqrt{2V_2(0) - 2V_3(\beta)} < y\},$$
$$\tilde{\Sigma}_1^- = \{(-\alpha, y, t) \in \mathbb{R}^2 \times \mathbb{R} \mid y < -\sqrt{2V_2(0) - 2V_1(-\alpha)}\}, \tag{4.10}$$
$$\tilde{\Sigma}_2^- = \{(\beta, y, t) \in \mathbb{R}^2 \times \mathbb{R} \mid y < -\sqrt{2V_2(0) - 2V_3(\beta)}\}.$$

接下来我们定义映射

$$P_\varepsilon^{c^+} : U_1^+ \subset \tilde{\Sigma}_1^+ \to \tilde{\Sigma}_2^+,$$

形式为

$$P_\varepsilon^{c^+}(-\alpha, y_0, t_0) = (\beta, \Pi_y(\phi_2^+(t_1^\varepsilon; t_0, -\alpha, y_0, \varepsilon)), t_1^\varepsilon) = (\beta, y_1^\varepsilon, t_1^\varepsilon), \tag{4.11}$$

其中 $t_1^\varepsilon > t_0$ 是满足条件 $\Pi_x(\phi_2^+(t_1^\varepsilon; t_0, -\alpha, y_0, \varepsilon)) = \beta$ 的最小值.

同样地我们考虑其他映射

$$P_\varepsilon^r : U_2^+ \subset \tilde\Sigma_2^+ \to \tilde\Sigma_2^-,$$

对于 $(\beta, y_1^\varepsilon, t_1^\varepsilon) \in U_2^+ \subset \tilde\Sigma_2^+$ 有

$$P_\varepsilon^r(\beta, y_1^\varepsilon, t_1^\varepsilon) = (\beta, \Pi_y(\phi_3(t_2^\varepsilon; t_1^\varepsilon, \beta, y_1^\varepsilon, \varepsilon)), t_2^\varepsilon) = (\beta, y_2^\varepsilon, t_2^\varepsilon), \tag{4.12}$$

这里 $t_2^\varepsilon > t_1^\varepsilon$ 是满足条件 $\Pi_x(\phi_3(t_2^\varepsilon; t_1^\varepsilon, \beta, y_1^\varepsilon, \varepsilon)) = \beta$ 的最小值.

进一步, 我们考虑

$$P_\varepsilon^{c^-} : U_2^- \subset \tilde\Sigma_2^- \to \tilde\Sigma_1^-,$$

对于 $(\beta, y_2^\varepsilon, t_2^\varepsilon) \in U_2^- \subset \tilde\Sigma_2^-$ 有

$$P_\varepsilon^{c^-}(\beta, y_2^\varepsilon, t_2^\varepsilon) = (-\alpha, \Pi_y(\phi_2^-(t_3^\varepsilon; t_2^\varepsilon, \beta, y_2^\varepsilon, \varepsilon)), t_3^\varepsilon) = (-\alpha, y_3^\varepsilon, t_3^\varepsilon), \tag{4.13}$$

记 $t_3^\varepsilon > t_2^\varepsilon$ 是满足条件 $\Pi_x(\phi_2^-(t_3^\varepsilon; t_2^\varepsilon, \beta, y_2^\varepsilon, \varepsilon)) = -\alpha$ 的最小值.

最后我们考虑

$$P_\varepsilon^l : U_1^- \subset \tilde\Sigma_1^- \to \tilde\Sigma_1^+,$$

对于 $(-\alpha, y_3^\varepsilon, t_3^\varepsilon) \in U_1^- \subset \tilde\Sigma_1^-$ 有

$$P_\varepsilon^l(-\alpha, y_3^\varepsilon, t_3^\varepsilon) = (-\alpha, \Pi_y(\phi_1(t_4^\varepsilon; t_3^\varepsilon, -\alpha, y_3^\varepsilon, \varepsilon)), t_4^\varepsilon) = (-\alpha, y_4^\varepsilon, t_4^\varepsilon), \tag{4.14}$$

现在我们定义 Poincaré 映射

$$P_\varepsilon : U_1^+ \subset \tilde\Sigma_1^+ \to \tilde\Sigma_1^+,$$
$$(-\alpha, y_0, t_0) \mapsto P_\varepsilon^l \circ P_\varepsilon^{c^-} \circ P_\varepsilon^r \circ P_\varepsilon^{c^+}. \tag{4.15}$$

记 $T_\varepsilon^{c^+} = t_1^\varepsilon - t_0$, $T_\varepsilon^r = t_2^\varepsilon - t_1^\varepsilon$, $T_\varepsilon^{c^-} = t_3^\varepsilon - t_2^\varepsilon$, $T_\varepsilon^l = t_4^\varepsilon - t_3^\varepsilon$, P_0 是当 $\varepsilon = 0$ 时的 Poincaré 映射, 我们得到

$$T_\varepsilon^{c^+} = T_0^{c^+} + O(\varepsilon), \quad T_\varepsilon^r = T_0^r + O(\varepsilon),$$
$$T_\varepsilon^{c^-} = T_0^{c^-} + O(\varepsilon), \quad T_\varepsilon^l = T_0^l + O(\varepsilon) \tag{4.16}$$

和

$$P_0(-\alpha, y_0, t_0) = (-\alpha, y_0, t_0 + T_0^{c^+} + T_0^r + T_0^{c^-} + T_0^l). \tag{4.17}$$

对上述未扰动系统几何结构的分析知任何具有初值条件 $(-\alpha, y_0, t_0) \in \tilde\Sigma_1^+$ 的周期轨道, 其周期为

$$T(y_0) = T_0^{c^+} + T_0^r + T_0^{c^-} + T_0^l. \tag{4.18}$$

现在应用 Poincaré 映射定义满足初值条件 $(-\alpha, y_0, t_0) \in \tilde{\Sigma}_1^+$ 的轨道与切换流形相交的点集序列为

$$
(x^\varepsilon, y^\varepsilon, t^\varepsilon)
$$
$$
\triangleq
\begin{cases}
(\beta, y_{4i+1}^\varepsilon, t_{4i+1}^\varepsilon) = p_\varepsilon^{c^+}(-\alpha, y_{4i}^\varepsilon, t_{4i}^\varepsilon), & (-\alpha, y_{4i}^\varepsilon, t_{4i}^\varepsilon) \in \tilde{\Sigma}_1^+, \\
(\beta, y_{4i+2}^\varepsilon, t_{4i+2}^\varepsilon) = p_\varepsilon^{r}(\beta, y_{4i+1}^\varepsilon, t_{4i+1}^\varepsilon), & (\beta, y_{4i+1}^\varepsilon, t_{4i+1}^\varepsilon) \in \tilde{\Sigma}_2^+, \\
(-\alpha, y_{4i+3}^\varepsilon, t_{4i+3}^\varepsilon) = p_\varepsilon^{c^-}(\beta, y_{4i+2}^\varepsilon, t_{4i+2}^\varepsilon), & (\beta, y_{4i+2}^\varepsilon, t_{4i+2}^\varepsilon) \in \tilde{\Sigma}_2^-, \\
(-\alpha, y_{4i+4}^\varepsilon, t_{4i+4}^\varepsilon) = p_\varepsilon^{l}(-\alpha, y_{4i+3}^\varepsilon, t_{4i+3}^\varepsilon), & (-\alpha, y_{4i+3}^\varepsilon, t_{4i+3}^\varepsilon) \in \tilde{\Sigma}_1^-,
\end{cases}
\tag{4.19}
$$

这里 $i = 0, 1, 2, \cdots$ 且 $(-\alpha, y_0^\varepsilon, t_0^\varepsilon) = (-\alpha, y_0, t_0)$.

非自治系统 (4.4) 以 $(-\alpha, y_0, t_0) \in \tilde{\Sigma}_1^+$ 为初值条件的解可定义为如下表达式

$$
\phi(t; t_0, -\alpha, y_0, \varepsilon)
$$
$$
\triangleq
\begin{cases}
\phi_2^+(t; t_{4i}^\varepsilon, -\alpha, y_{4i}^\varepsilon, \varepsilon), & t_{4i}^\varepsilon < t < t_{4i+1}^\varepsilon, \\
\phi_3(t; t_{4i+1}^\varepsilon, \beta, y_{4i+1}^\varepsilon, \varepsilon), & t_{4i+1}^\varepsilon < t < t_{4i+2}^\varepsilon, \\
\phi_2^-(t; t_{4i+2}^\varepsilon, \beta, y_{4i+2}^\varepsilon, \varepsilon), & t_{4i+2}^\varepsilon < t < t_{4i+3}^\varepsilon, \\
\phi_1(t; t_{4i+3}^\varepsilon, -\alpha, y_{4i+3}^\varepsilon, \varepsilon), & t_{4i+3}^\varepsilon < t < t_{4i+4}^\varepsilon,
\end{cases}
\quad i \geqslant 0.
\tag{4.20}
$$

Poincaré 映射 P_ε 的示意图如图 4.3 所示.

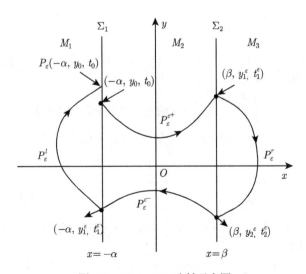

图 4.3　Poincaré 映射示意图

4.2.2 次谐轨道的定义及存在性

我们应用在 (4.15) 中的 Poincaré 映射和在 (4.19) 中的碰撞序列去定义次谐周期轨道, 主要的思想来源于 Granados 等的文献 (Granados et al., 2012).

定义 4.1 对于任意的 $\varepsilon\,(0 < \varepsilon \ll 1)$ 和 (4.15) 中定义的 Poincaré 映射, 如果存在点 $(-\alpha, y_0, t_0) \in U_1^+ \subset \tilde{\Sigma}_1^+$, 互质的整数 m 和 n 满足下列方程

$$P_\varepsilon^m(-\alpha, y_0, t_0) = (-\alpha, y_0, t_0 + n\hat{T}), \tag{4.21}$$

则 $\phi(t; t_0, -\alpha, y_0, \varepsilon)$ 是通过切换流形 Σ_1 和 Σ_2 $2m$ 次且周期为 $n\hat{T}$ 的周期轨道. 称满足条件 (4.21) 的周期轨道为 (n, m) 次谐周期轨道.

为了得到本章关于次谐周期轨道存在性的主要结果, 我们给出以下引理.

引理 4.1 对任意 $m \geqslant 1$, 初值点 $(-\alpha, y_0, t_0) \in \tilde{\Sigma}_1^+$, 以及 (4.19) 定义的碰撞序列 $(\beta, y_{4i+1}^\varepsilon, t_{4i+1}^\varepsilon)$, $(\beta, y_{4i+2}^\varepsilon, t_{4i+2}^\varepsilon)$, $(-\alpha, y_{4i+3}^\varepsilon, t_{4i+3}^\varepsilon)$ 和 $(-\alpha, y_{4i+4}^\varepsilon, t_{4i+4}^\varepsilon)$, 其中 $i = 0, \cdots, m-1$. 利用 Hamilton 函数 H_2 计算点 $(-\alpha, y_0)$ 和 $(-\alpha, y_{4m}^\varepsilon)$ 的能量差为

$$H_2(-\alpha, y_{4m}^\varepsilon) - H_2(-\alpha, y_0)$$

$$= \varepsilon \int_{t_0}^{t_{4m}^\varepsilon} f(\phi(t; t_0, -\alpha, y_0, \varepsilon)) \wedge g(\phi(t; t_0, -\alpha, y_0, \varepsilon), t)dt$$

$$= \varepsilon \int_{t_0}^{t_0 + mT(y_0)} f(\phi(t; t_0, -\alpha, y_0, 0)) \wedge g(\phi(t; t_0, -\alpha, y_0, 0), t)dt + O(\varepsilon^2), \tag{4.22}$$

其中 $\phi(t; t_0, -\alpha, y_0, 0)$ 表示在一对同宿轨道区域外的周期轨道, 且积分

$$\int_{t_0}^{t_{4m}^\varepsilon} f(\phi(t; t_0, -\alpha, y_0, \varepsilon)) \wedge g(\phi(t; t_0, -\alpha, y_0, \varepsilon), t)dt$$

$$\triangleq \sum_{i=0}^{m-1} \int_{t_{4i}^\varepsilon}^{t_{4i+1}^\varepsilon} JDH_2(\phi_2^+(t; t_{4i}^\varepsilon, -\alpha, y_{4i}^\varepsilon, \varepsilon)) \wedge g_2(\phi_2^+(t; t_{4i}^\varepsilon, -\alpha, y_{4i}^\varepsilon, \varepsilon), t)dt$$

$$+ \sum_{i=0}^{m-1} \int_{t_{4i+1}^\varepsilon}^{t_{4i+2}^\varepsilon} JDH_3(\phi_3(t; t_{4i+1}^\varepsilon, \beta, y_{4i+1}^\varepsilon, \varepsilon)) \wedge g_3(\phi_3(t; t_{4i+1}^\varepsilon, \beta, y_{4i+1}^\varepsilon, \varepsilon), t)dt$$

$$+ \sum_{i=0}^{m-1} \int_{t_{4i+2}^\varepsilon}^{t_{4i+3}^\varepsilon} JDH_2(\phi_2^-(t; t_{4i+2}^\varepsilon, \beta, y_{4i+2}^\varepsilon, \varepsilon)) \wedge g_2(\phi_2^-(t; t_{4i+2}^\varepsilon, \beta, y_{4i+2}^\varepsilon, \varepsilon), t)dt$$

$$+ \sum_{i=0}^{m-1} \int_{t_{4i+3}^\varepsilon}^{t_{4i+4}^\varepsilon} JDH_1(\phi_1(t; t_{4i+3}^\varepsilon, -\alpha, y_{4i+3}^\varepsilon, \varepsilon)) \wedge g_1(\phi_1(t; t_{4i+3}^\varepsilon, -\alpha, y_{4i+3}^\varepsilon, \varepsilon), t)dt.$$

$$\tag{4.23}$$

证明: 因为

$$H_2(-\alpha, y_{4m}^{\varepsilon}) - H_2(-\alpha, y_0)$$

$$= \sum_{i=0}^{m-1} [H_2(-\alpha, y_{4i+4}^{\varepsilon}) - H_2(-\alpha, y_{4i+3}^{\varepsilon})] + \sum_{i=0}^{m-1} [H_2(-\alpha, y_{4i+3}^{\varepsilon}) - H_2(\beta, y_{4i+2}^{\varepsilon})]$$

$$+ \sum_{i=0}^{m-1} [H_2(\beta, y_{4i+2}^{\varepsilon}) - H_2(\beta, y_{4i+1}^{\varepsilon})] + \sum_{i=0}^{m-1} [H_2(\beta, y_{4i+1}^{\varepsilon}) - H_2(-\alpha, y_{4i}^{\varepsilon})]$$

$$= \sum_{i=0}^{m-1} [H_1(-\alpha, y_{4i+4}^{\varepsilon}) - H_1(-\alpha, y_{4i+3}^{\varepsilon})] + \sum_{i=0}^{m-1} [H_2(-\alpha, y_{4i+3}^{\varepsilon}) - H_2(\beta, y_{4i+2}^{\varepsilon})]$$

$$+ \sum_{i=0}^{m-1} [H_3(\beta, y_{4i+2}^{\varepsilon}) - H_3(\beta, y_{4i+1}^{\varepsilon})] + \sum_{i=0}^{m-1} [H_2(\beta, y_{4i+1}^{\varepsilon}) - H_2(-\alpha, y_{4i}^{\varepsilon})], \quad (4.24)$$

注意到

$$\frac{d}{dt} H_1(\phi_1(t; t^*, -\alpha, y^*, \varepsilon))$$

$$= \varepsilon J D_x H_1(\phi_1(t; t^*, -\alpha, y^*, \varepsilon)) \wedge g_1(\phi_1(t; t^*, -\alpha, y^*, \varepsilon), t),$$

$$\frac{d}{dt} H_2(\phi_2^{\pm}(t; t^*, -\alpha, y^*, \varepsilon))$$

$$= \varepsilon J D_x H_2(\phi_2^{\pm}(t; t^*, -\alpha, y^*, \varepsilon)) \wedge g_2(\phi_2^{\pm}(t; t^*, -\alpha, y^*, \varepsilon), t),$$

$$\frac{d}{dt} H_3(\phi_3(t; t^*, \beta, y^*, \varepsilon))$$

$$= \varepsilon J D_x H_3(\phi_3(t; t^*, \beta, y^*, \varepsilon)) \wedge g_3(\phi_3(t; t^*, \beta, y^*, \varepsilon), t).$$

对于任意的 $(-\alpha, y^*, t^*) \in \tilde{\Sigma}_1^-$, 当 $t > t^*$ 时有 $\phi_1(t, t^*, -\alpha, y^*, \varepsilon) \in M_1$; 对于任意的 $(-\alpha, y^*, t^*) \in \tilde{\Sigma}_1^+$, 当 $t > t^*$ 时有 $\phi_2^+(t, t^*, -\alpha, y^*, \varepsilon) \in M_2$; 对于任意的 $(\beta, y^*, t^*) \in \tilde{\Sigma}_2^+$, 当 $t > t^*$ 时有 $\phi_3(t, t^*, \beta, y^*, \varepsilon) \in M_3$; 同时对于任意的 $(\beta, y^*, t^*) \in \tilde{\Sigma}_2^-$, 当 $t > t^*$ 时有 $\phi_2^-(t, t^*, \beta, y^*, \varepsilon) \in M_2$. 当 $0 \leqslant i \leqslant m-1$ 时, 得到

$$H_2(\beta, y_{4i+1}^{\varepsilon}) - H_2(-\alpha, y_{4i}^{\varepsilon})$$

$$= \varepsilon \int_{t_{4i}^{\varepsilon}}^{t_{4i+1}^{\varepsilon}} J D_x H_2(\phi_2^+(t; t_{4i}^{\varepsilon}, -\alpha, y_{4i}^{\varepsilon}, \varepsilon)) \wedge g_2(\phi_2^+(t; t_{4i}^{\varepsilon}, -\alpha, y_{4i}^{\varepsilon}, \varepsilon), t)dt, \quad (4.25)$$

$$H_3(\beta, y_{4i+2}^{\varepsilon}) - H_3(\beta, y_{4i+1}^{\varepsilon})$$

$$= \varepsilon \int_{t_{4i+1}^{\varepsilon}}^{t_{4i+2}^{\varepsilon}} J D_x H_3(\phi_3(t; t_{4i+1}^{\varepsilon}, \beta, y_{4i+1}^{\varepsilon}, \varepsilon)) \wedge g_3(\phi_3(t; t_{4i+1}^{\varepsilon}, \beta, y_{4i+1}^{\varepsilon}, \varepsilon), t)dt,$$

$$(4.26)$$

$$H_2(-\alpha, y_{4i+3}^\varepsilon) - H_2(\beta, y_{4i+2}^\varepsilon)$$

$$= \varepsilon \int_{t_{4i+2}^\varepsilon}^{t_{4i+3}^\varepsilon} JD_x H_2(\phi_2^-(t; t_{4i+2}^\varepsilon, \beta, y_{4i+2}^\varepsilon, \varepsilon))$$

$$\wedge g_2(\phi_2^-(t; t_{4i+2}^\varepsilon, \beta, y_{4i+2}^\varepsilon, \varepsilon), t)dt, \tag{4.27}$$

$$H_1(-\alpha, y_{4i+4}^\varepsilon) - H_1(-\alpha, y_{4i+3}^\varepsilon)$$

$$= \varepsilon \int_{t_{4i+3}^\varepsilon}^{t_{4i+4}^\varepsilon} JD_x H_1(\phi_1(t; t_{4i+3}^\varepsilon, -\alpha, y_{4i+3}^\varepsilon, \varepsilon))$$

$$\wedge g_1(\phi_1(t; t_{4i+3}^\varepsilon, -\alpha, y_{4i+3}^\varepsilon, \varepsilon), t)dt. \tag{4.28}$$

将 (4.25)—(4.28) 代入 (4.24) 中, 并在扰动参数 $\varepsilon = 0$ 处泰勒展开得到 ε 的一阶及二阶展开式, 从而引理 4.1 得证.

通过上述分析我们得到下面的次谐 Melnikov 函数:

$$M(t_0, y_0) = \int_{t_0}^{t_0 + mT(y_0)} f(\phi(t; t_0, -\alpha, y_0, 0)) \wedge g(\phi(t; t_0, -\alpha, y_0, 0), t)dt$$

$$\xlongequal{t = t - t_0} \int_0^{mT(y_0)} f(\phi(t; 0, -\alpha, y_0, 0)) \wedge g(\phi(t; 0, -\alpha, y_0, 0), t + t_0)dt.$$

$$\tag{4.29}$$

下面给出次谐周期轨道存在性的主要定理.

定理 4.2 系统 (4.4) 满足假设 4.1—假设 4.4, 如果存在点 $(-\alpha, \bar{y}_0, \bar{t}_0) \in \tilde{\Sigma}^+$ 满足

(B1) $T(\bar{y}_0) = \dfrac{n\hat{T}}{m}$, 其中 $n, m \in Z$ 且互质.

(B2) $\bar{t}_0 \in [0, \hat{T}]$ 是具有下列形式 $M(t_0, \bar{y}_0)$ 的简单零点:

$$M(t_0, \bar{y}_0) = \int_0^{mT(\bar{y}_0)} f(\phi(t; 0, -\alpha, \bar{y}_0, 0)) \wedge g(\phi(t; 0, -\alpha, \bar{y}_0, 0), t + t_0)dt, \tag{4.30}$$

其中 $\phi(t; 0, -\alpha, \bar{y}_0, 0)$ 是未扰动系统一对同宿轨道外部周期为 $T(\bar{y}_0) = \dfrac{n\hat{T}}{m}$ 的周期轨道. 因此, 存在 ε_0 使得对于任意的 $0 < \varepsilon < \varepsilon_0$, 一定存在 y_0^* 和 t_0^* 使得 $\phi(t; t_0^*, -\alpha, y_0^*, \varepsilon)$ 是一个 (n, m) 类型的次谐周期轨道, 其中 $y_0^* = \bar{y}_0 + O(\varepsilon)$, $t_0^* = t_0 + O(\varepsilon)$.

证明: 本定理证明的主要思想来自文献 (Granados et al., 2012). 我们可以利用 (4.15) 定义的 Poincaré 映射和定义 4.1, 把一个 (n, m) 类型的次谐周期轨道的存在性转化为下面的方程根的存在性问题:

$$
\begin{pmatrix} H_2(-\alpha, \Pi_y(P_\varepsilon^m(-\alpha, y_0, t_0))) \\ \Pi_t(P_\varepsilon^m(-\alpha, y_0, t_0)) \end{pmatrix} - \begin{pmatrix} H_2(-\alpha, y_0) \\ t_0 + n\hat{T} \end{pmatrix} = \begin{pmatrix} 0 \\ 0 \end{pmatrix}. \tag{4.31}
$$

将上述方程在扰动参数 $\varepsilon = 0$ 处泰勒展开, 并应用 (4.17), (4.20) 和 (4.21), 我们得到

$$
G_{n,m}(y_0, t_0, \varepsilon) \triangleq \begin{pmatrix} M(t_0, y_0) + O(\varepsilon) \\ mT(y_0) - n\hat{T} + O(\varepsilon) \end{pmatrix} = \begin{pmatrix} 0 \\ 0 \end{pmatrix}, \tag{4.32}
$$

这里 $O(\varepsilon)$ 是化简后 ε 的一阶展开式.

　　通过在定理 4.2 中给出的条件 (B1), (B2), 可知存在 $\bar{t}_0$ 和 $\bar{y}_0$ 满足 $G_{n,m}(\bar{y}_0, \bar{t}_0, 0) = (0, 0)^{\mathrm{T}}$ 和 $\det(D_{y_0, t_0}(G_{n,m}(\bar{y}_0, \bar{t}_0, 0))) \neq 0$, 其中关于变量 y_0 和 t_0 的 Jacobi 矩阵为

$$
D_{y_0, t_0}(G_{n,m}(\bar{y}_0, \bar{t}_0, 0)) = \begin{pmatrix} \dfrac{\partial M(\bar{t}_0, \bar{y}_0)}{\partial y_0} & \dfrac{\partial M(\bar{t}_0, \bar{y}_0)}{\partial t_0} \\ mT_c'(\bar{y}_0) & 0 \end{pmatrix}.
$$

然后对 (4.32) 在 $(y_0, t_0, \varepsilon) = (\bar{y}_0, \bar{t}_0, 0)$ 点处应用隐函数存在定理, 存在 ε_0 使得对于任意的 $0 < \varepsilon < \varepsilon_0$, 一定能够找到唯一的 y_0^* 和 t_0^* 满足方程 (4.26), 其中 $y_0^* = \bar{y}_0 + O(\varepsilon)$, $t_0^* = \bar{t}_0 + O(\varepsilon)$. 因此 $\phi(t; t_0^*, -\alpha, y_0^*)$ 是周期为 $n\hat{T}$ 的 (n, m) 周期轨道, 并且在每个周期内和切换流形 Σ_1 和 Σ_2 碰撞 $2m$ 次.

　　定理 4.2 对于研究这类非光滑动力系统是非常重要的, 为次谐轨道的存在性提供了初值条件的一个估测. 接下来, 我们总结上述过程并展示如何应用定理 4.2 去研究次谐周期轨道的存在性及持久性. 第一步, 我们将检验未扰动系统的几何结构是否满足假设 4.1—假设 4.4, 如果满足上述假设, 我们需要去求解位于一对同宿轨道外且周期为 $T(y_0)$ 的次谐周期轨道的表达式 $\phi(t, 0, -\alpha, y_0, 0)$. 第二步, 我们将计算 (4.29) 中的 Melnikov 函数, 首先选择互质的 $n, m \in \mathbb{Z}$ 使其满足定理 4.2 中的条件 (B1) 和 (B2), 然后我们能够得到 $(\bar{t}_0, \bar{y}_0)$, 这样的 $(\bar{t}_0, \bar{y}_0)$ 并不是唯一的. 接下来, 我们能够得到初值条件 $(t_0^*, -\alpha, y_0^*)$, 其中 $y_0^* = \bar{y}_0 + O(\varepsilon)$, $t_0^* = \bar{t}_0 + O(\varepsilon)$. 最后, 我们给出系统 (4.4) 在初值条件 $(t_0^*, -\alpha, y_0^*)$ 下的数值模拟结果去验证 (n, m) 类型的次谐周期轨道的存在性.

　　这里还有几个重要的方面需要注意, 首先需要注意 (4.4) 的未扰动系统的几何结构, 其次是当次谐周期轨道从外向内趋向同宿轨道时轨道的周期 $T(y_0)$ 趋于 $+\infty$ 或者 y_0 趋于 $\sqrt{2V_2(0) - 2V_1(-\alpha)}$. 在这种情况下, 微扰方法应该做一些小的修改, 在本章中没有进一步的说明.

4.3 次谐轨道 Melnikov 方法的应用

4.3.1 应用实例

在这部分, 我们将利用 4.2 节发展的次谐轨道的 Melnikov 方法去研究一类平面分段光滑系统的次谐周期轨道. 我们研究系统

$$
\begin{cases}
\begin{cases} \dot{x} = y, \\ \dot{y} = -x - 2\mu y + f_0 \cos(\omega t), \end{cases} & |x| > \alpha, \\[4mm]
\begin{cases} \dot{x} = y, \\ \dot{y} = x - 2\mu y + f_0 \cos(\omega t), \end{cases} & |x| < \alpha,
\end{cases}
\tag{4.33}
$$

其中 μ 是黏性阻尼系数, f_0 是激励振幅, ω 是激励频率, α 是一个常数且满足 $0 < \alpha < 1$.

令 $\mu = f_0 = 0$, 我们可以得到 (4.33) 的未扰动系统是一个分段定义的 Hamilton 系统, 可以表述为

$$
\begin{aligned}
\dot{x} &= \frac{\partial H}{\partial y}, \\
\dot{y} &= -\frac{\partial H}{\partial x},
\end{aligned}
\tag{4.34}
$$

其中, 分段定义的 Hamilton 函数为

$$
H(x, y) = \begin{cases}
H_1(x, y) = \dfrac{1}{2}y^2 + \dfrac{x^2}{2} - \dfrac{\alpha^2}{2}, & x < -\alpha, \\[4mm]
H_2(x, y) = \dfrac{1}{2}y^2 - \dfrac{x^2}{2} + \dfrac{\alpha^2}{2}, & |x| < \alpha, \\[4mm]
H_3(x, y) = \dfrac{1}{2}y^2 + \dfrac{x^2}{2} - \dfrac{\alpha^2}{2}, & x > \alpha.
\end{cases}
\tag{4.35}
$$

未扰动系统具有两个对称的切换流形 $\Sigma_1 = \{(x,y)|x = -\alpha, y \in \mathbb{R}^2\}$ 和 $\Sigma_2 = \{(x,y)|x = \alpha, y \in \mathbb{R}^2\}$, 通过验证未扰动系统 (4.33) 满足 4.1 节的假设 4.1—假设 4.4, 其相图拓扑同构于图 4.1. 当初值条件为 $(t_0, -\alpha, y_0)$ 时具体的周期轨道表达式如下

$$\phi(t;t_0,-\alpha,y_0,0)=\begin{cases}\phi_2^+(t;t_0,-\alpha,y_0,0)=(a_1e^t+a_2e^{-t},\,a_1e^t-a_2e^{-t}),\\[4pt]\qquad\qquad t_0<t<t_0+T_c^+,\\[8pt]\phi_3(t;t_0+T_c^+,\alpha,y_0,0)\\[4pt]=(\alpha\cos(t-T_c^+)+y_0\sin(t-T_c^+),\\[2pt]\quad-\alpha\sin(t-T_c^+)+y_0\cos(t-T_c^+)),\\[4pt]\qquad\qquad t_0+T_c^+<t<t_0+T_c^++T_r,\\[8pt]\phi_2^-(t;t_0+T_c^++T_r,\alpha,-y_0,0)\\[4pt]=(-a_1e^{t-T_c^+-T_r}-a_2e^{-t+T_c^++T_r},\\[2pt]\quad-a_1e^{t-T_c^+-T_r}+a_2e^{-t+T_c^++T_r}),\\[4pt]\qquad\qquad t_0+T_c^++T_r<,t<t_0+2T_c^++T_r,\\[8pt]\phi_1(t;t_0+2T_c^++T_r,-\alpha,-y_0,0)\\[4pt]=(-\alpha\cos(t-2T_c^+-T_r)-y_0\sin(t-2T_c^+-T_r),\\[2pt]\quad\alpha\sin(t-2T_c^+-T_r)-y_0\cos(t-2T_c^+-T_r)),\\[4pt]\qquad\qquad t_0+2T_c^++T_r<t<T(y_0),\end{cases}\tag{4.36}$$

其中 $y_0>\alpha$, 且有

$$a_1=\frac{y_0-\alpha}{2},\quad a_2=-\frac{y_0+\alpha}{2},\quad T_c^+=\ln\frac{\alpha+y_0}{y_0-\alpha},$$
$$\sin T_r=\frac{2\alpha y_0}{\alpha^2+y_0^2},\quad\cos T_r=\frac{\alpha^2-y_0^2}{\alpha^2+y_0^2},\quad T_r=\pi-\arcsin\frac{\alpha^2-y_0^2}{\alpha^2+y_0^2},\tag{4.37}$$
$$T(y_0)=2(T_c^++T_r),\quad T'(y_0)<0.$$

为了验证 (n,m) 次谐周期轨道的存在性, 我们给出

$$T(y_0)=\frac{n\hat T}{m}=\frac{2n\pi}{m\omega}.\tag{4.38}$$

4.3.2　Melnikov 分析

应用在 (4.29) 计算 (4.33) 的 Melnikov 函数, 其结果如下:

$$M(t_0,y_0)=\sum_{j=0}^{m-1}\int_0^{T_c^+}-2\mu[\Pi_y(\phi_2^+(t;0,-\alpha,y_0,0))]^2$$
$$+f_0[\Pi_y(\phi_2^+(t;0,-\alpha,y_0,0))]\cos\left(\omega\left(t+t_0+j\frac{n\hat T}{m}\right)\right)dt$$

$$+ \sum_{j=0}^{m-1} \int_{T_c^+}^{T_c^+ + T_r} -2\mu [\Pi_y(\phi_3(t; T_c^+, \alpha, y_0, 0))]^2$$

$$+ f_0[\Pi_y(\phi_3(t; T_c^+, \alpha, y_0, 0))] \cos\left(\omega\left(t + t_0 + j\frac{n\hat{T}}{m}\right)\right) dt$$

$$+ \sum_{j=0}^{m-1} \int_{T_c^+ + T_r}^{2T_c^+ + T_r} -2\mu [\Pi_y(\phi_2^-(t; T_c^+ + T_r, \alpha, -y_0, 0))]^2 dt$$

$$+ f_0[\Pi_y(\phi_2^-(t; T_c^+ + T_r, \alpha, -y_0, 0))] \cos\left(\omega\left(t + t_0 + j\frac{n\hat{T}}{m}\right)\right) dt$$

$$+ \sum_{j=0}^{m-1} \int_{2T_c^+ + T_r}^{T} -2\mu [\Pi_y(\phi_1(t; 2T_c^+ + T_r, -\alpha, -y_0, 0))]^2$$

$$+ f_0[\Pi_y(\phi_1(t; 2T_c^+ + T_r, -\alpha, -y_0, 0))]$$

$$\cdot \cos\left(\omega\left(t + t_0 + j\frac{n\hat{T}}{m}\right)\right) dt. \tag{4.39}$$

详细的计算过程见附录 A, 我们有

$$
\begin{aligned}
M(t_0, y_0) = &-2m\mu([y_0^2 - \alpha^2]T_c^+ + [\alpha^2 + y_0^2]T_r) \\
&+ \sum_{j=0}^{m-1} \frac{4f_0}{1+\omega^2} \sin\left(\omega t_0 + j\frac{2n\pi}{m} + \frac{\omega T_c^+}{2} + \frac{n\pi}{2m}\right) \\
&\quad \cdot \left(\alpha \cos\frac{\omega T_c^+}{2} + y_0\omega \sin\frac{\omega T_c^+}{2}\right) \sin\frac{n\pi}{2m} \\
&+ \sum_{j=0}^{m-1} \frac{2\alpha f_0}{1+\omega} \cos\left(\omega t_0 + j\frac{2n\pi}{m} + \frac{n\pi}{m} + \frac{\omega T_c^+}{2} + \frac{T_r}{2}\right) \\
&\quad \cdot \sin\frac{(1+\omega)T_r}{2} \sin\frac{n\pi}{2m} \\
&- \sum_{j=0}^{m-1} \frac{2\alpha f_0}{1-\omega} \cos\left(\omega t_0 + j\frac{2n\pi}{m} + \frac{n\pi}{m} + \frac{\omega T_c^+}{2} - \frac{T_r}{2}\right) \\
&\quad \cdot \sin\frac{(1-\omega)T_r}{2} \sin\frac{n\pi}{2m} \\
&+ \sum_{j=0}^{m-1} \frac{2y_0 f_0}{1+\omega} \sin\left(\omega t_0 + j\frac{2n\pi}{m} + \frac{n\pi}{m} + \frac{\omega T_c^+}{2} + \frac{T_r}{2}\right) \\
&\quad \cdot \sin\frac{(1+\omega)T_r}{2} \sin\frac{n\pi}{2m}
\end{aligned}
$$

$$+ \sum_{j=0}^{m-1} \frac{2y_0 f_0}{1-\omega} \sin\left(\omega t_0 + j\frac{2n\pi}{m} + \frac{n\pi}{m} + \frac{\omega T_c^+}{2} - \frac{T_r}{2}\right)$$

$$\cdot \sin\frac{(1-\omega)T_r}{2} \sin\frac{n\pi}{2m}. \tag{4.40}$$

为了进一步研究 (n, m) 次谐周期轨道, 我们只考虑 $\dfrac{n}{m} = 4k+1$ 的情况, 其中 $k \geqslant 0$, 此时 Melnikov 函数可以简化为

$$\begin{aligned}
M(t_0, y_0) = & -2m\mu([y_0^2 - \alpha^2]T_c^+ + [\alpha^2 + y_0^2]T_r) \\
& + \frac{4mf_0}{1+\omega^2} \cos\left(\omega t_0 + \frac{\omega T_c^+}{2}\right)\left(\alpha\cos\frac{\omega T_c^+}{2} + y_0\omega\sin\frac{\omega T_c^+}{2}\right) \\
& - \frac{2m\alpha f_0}{1+\omega} \cos\left(\omega t_0 + \frac{\omega T_c^+}{2} + \frac{T_r}{2}\right)\sin\frac{(1+\omega)T_r}{2} \\
& + \frac{2m\alpha f_0}{1-\omega} \cos\left(\omega t_0 + \frac{\omega T_c^+}{2} - \frac{T_r}{2}\right)\sin\frac{(1-\omega)T_r}{2} \\
& - \frac{2my_0 f_0}{1+\omega} \sin\left(\omega t_0 + \frac{\omega T_c^+}{2} + \frac{T_r}{2}\right)\sin\frac{(1+\omega)T_r}{2} \\
& - \frac{2my_0 f_0}{1-\omega} \sin\left(\omega t_0 + \frac{\omega T_c^+}{2} - \frac{T_r}{2}\right)\sin\frac{(1-\omega)T_r}{2} \\
= & -2m\mu A(\alpha, \omega, y_0) + 2mf_0\left[B(\alpha, \omega, y_0)\sin\left(\omega t_0 + \frac{\omega T_c^+}{2}\right)\right. \\
& \left. + C(\alpha, \omega, y_0)\cos\left(\omega t_0 + \frac{\omega T_c^+}{2}\right)\right] \\
= & -2m\mu A(\alpha, \omega, y_0) + 2mf_0\sqrt{B^2(\alpha, \omega, y_0) + C^2(\alpha, \omega, y_0)} \\
& \cdot \sin\left(\omega t_0 + \frac{\omega T_c^+}{2} + \Phi\right), \tag{4.41}
\end{aligned}$$

其中

$$A(\alpha, \omega, y_0) = [y_0^2 - \alpha^2]T_c^+ + [\alpha^2 + y_0^2]T_r,$$

$$B(\alpha, \omega, y_0) = \left(\alpha\sin\frac{T_r}{2} - y_0\cos\frac{T_r}{2}\right)\left(\frac{\sin\frac{(1+\omega)T_r}{2}}{1+\omega} + \frac{\sin\frac{(1-\omega)T_r}{2}}{1-\omega}\right),$$

$$\begin{aligned}
C(\alpha, \omega, y_0) = & \frac{2}{1+\omega^2}\left(\alpha\cos\frac{\omega T_c^+}{2} + y_0\omega\sin\frac{\omega T_c^+}{2}\right) \\
& + \left(\alpha\cos\frac{T_r}{2} + y_0\sin\frac{T_r}{2}\right)\left(\frac{\sin\frac{(1-\omega)T_r}{2}}{1-\omega} - \frac{\sin\frac{(1+\omega)T_r}{2}}{1+\omega}\right),
\end{aligned}$$

$$\cos \Phi = \frac{B(\alpha, \omega, y_0)}{\sqrt{B(\alpha, \omega, y_0)^2 + C(\alpha, \omega, y_0)^2}},$$

$$\sin \Phi = \frac{C(\alpha, \omega, y_0)}{\sqrt{B(\alpha, \omega, y_0)^2 + C(\alpha, \omega, y_0)^2}}. \tag{4.42}$$

4.3.3 数值模拟

在接下来的分析, 我们需要找到 $(\bar{t}_0, \bar{y}_0)$ 满足

$$M(\bar{t}_0, \bar{y}_0) = 0, \quad \frac{\partial M(\bar{t}_0, \bar{y}_0)}{\partial t_0} \neq 0, \tag{4.43}$$

这就意味着

$$\frac{\mu}{f_0} < \frac{\sqrt{B(\alpha, \omega, \bar{y}_0)^2 + C(\alpha, \omega, \bar{y}_0)^2}}{A(\alpha, \omega, \bar{y}_0)}, \tag{4.44}$$

这样我们可以得到

$$\bar{t}_0^{\,1} = \frac{1}{\omega} \arcsin \frac{\mu A(\alpha, \omega, \bar{y}_0)}{f_0 \sqrt{B(\alpha, \omega, \bar{y}_0)^2 + C(\alpha, \omega, \bar{y}_0)^2}} - \frac{\omega T_c^+}{2} - \Phi,$$

$$\bar{t}_0^{\,2} = \pi - \bar{t}_0^{\,1}. \tag{4.45}$$

通过对 (4.37) 和 (4.38) 的求解, 我们得到

$$\ln \frac{\alpha + y_0}{y_0 - \alpha} + \arccos \frac{\alpha^2 - y_0^2}{\alpha^2 + y^2} = \frac{n\pi}{m\omega}. \tag{4.46}$$

对于 (4.46), 当我们取 $\alpha = 0.6$, $n/m = 1$ 和 $n/m = 3$ 时, y_0 和受迫频率 ω 的关系如图 4.4 所示.

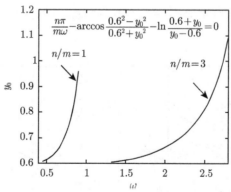

图 4.4 当 $\alpha = 0.6$ 时, y_0 和受迫频率 ω 的关系

当我们只考虑 $n/m = 1$ 和 $\alpha = 0.6$ 时, 对于不同的受迫频率 ω 对应不同的 $\bar{y}_0$, 对于给定的 f_0 和 μ 的值, 通过公式 (4.45), 我们可以得出相应的 $\bar{t}_0^{\,1}$ 和 $\bar{t}_0^{\,2}$ 的值. 我们将它们的关系表述在表 4.1.

表 4.1　$n/m = 1$

ω	$\bar{y}_0$	μ	f_0	$\bar{t}_0^1$	$\bar{t}_0^2$
0.5506	0.6202	0.06	0.29	6.1784	3.2464
0.6008	0.6336	0.1	0.35	0.7643	2.3773
0.6510	0.6526	0.05	0.65	4.4151	5.0097
0.7514	0.7512	0.1	0.4	4.6686	4.7562
0.8512	0.8410	0.4	0.8	5.3485	4.0763

如果初值条件趋近于 $(\bar{t}_1, -\alpha, \bar{y}_0)$ 和 $(\bar{t}_2, -\alpha, \bar{y}_0)$, 系统 (4.33) 在 $n/m = 1$ 的情况下, 通过定理 4.2 知存在 (n, m) 次谐周期轨道. 当 $n/m = 3$ 时 (n, m) 周期轨道的存在性用同样的方法得到. 接下来, 我们取不同的参数以及初始条件做一些数值模拟去验证次谐周期轨道的存在性. 我们首先取定值 $\alpha = 0.6$, 然后在表 4.1 中取不同的参数值, 得到一系列次谐周期轨道, 如图 4.5 至图 4.7 所示.

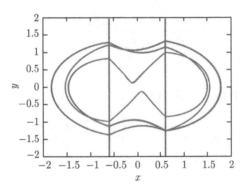

图 4.5　系统 (4.33) 的周期轨道: $\mu = 0.05, f_0 = 0.65, \omega = 0.6510, y_0^* = 0.6526, t_0^* = 4.4151$

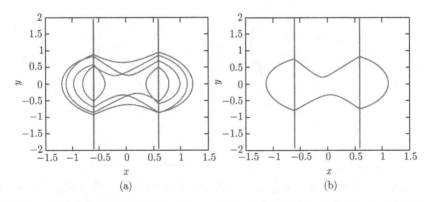

(a)　　　　　　　　　　　(b)

图 4.6　系统 (4.33) 的周期轨道. (a) $\mu = 0.06, f_0 = 0.29, \omega = 0.5506, y_0^* = 0.6202,$ $t_0^* = 6.1784$; (b) $\mu = 0.1, f_0 = 0.35, \omega = 0.6008, y_0^* = 0.6336, t_0^* = 0.7643$

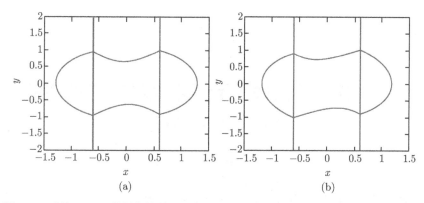

图 4.7 系统 (4.33) 的周期轨道. (a) $\mu = 0.1$, $f_0 = 0.4$, $\omega = 0.7514$, $y_0^* = 0.7512$, $t_0^* = 4.6686$; (b) $\mu = 0.4$, $f_0 = 0.8$, $\omega = 0.8512$, $y_0^* = 0.8410$, $t_0^* = 5.3485$

4.4 本章小结

本章推广了具有两个切换流形的平面非光滑系统次谐轨道的 Melnikov 方法, 通过选取适当的 Poincaré 截面并构造 Poincaré 映射, 给出非光滑系统次谐轨道的定义. 利用 Hamilton 函数度量系统轨道在不同时刻穿过同一分界面的碰撞点列之间的距离, 得出系统的次谐 Melnikov 函数, 对次谐周期轨道的存在性及保持性给出了初值条件和参数的估计. 最后通过一个非光滑振子的理论分析和数值模拟验证了次谐轨道 Melnikov 方法的有效性. 对于平面非光滑动力系统的次谐轨道 Melnikov 函数和同宿轨道 Melnikov 函数之间的极限关系目前尚未得到解决, 从理论上是一个开问题.

第 5 章 平面非光滑混合系统同宿轨道的 Melnikov 方法

5.1 问题的描述

首先定义一个标量函数 $h : \mathbb{R}^2 \to \mathbb{R}$, $h \in C^r(\mathbb{R}^2, \mathbb{R})$, $r \geqslant 1$, 使得平面 $\mathbb{R}^2$ 被切换流形 Σ 分割成两个互不相交的子集 V_-, V_+, 其中

$$
\begin{aligned}
V_- &= \{(x, y) \in \mathbb{R}^2 \mid h(x, y) < 0\}, \\
\Sigma &= \{(x, y) \in \mathbb{R}^2 \mid h(x, y) = 0\}, \\
V_+ &= \{(x, y) \in \mathbb{R}^2 \mid h(x, y) > 0\}.
\end{aligned}
\tag{5.1}
$$

切换流形 Σ 的法向量可以定义为

$$
\mathbf{n} = \mathbf{n}(x, y) = \mathbf{grad}(h(x, y)), \quad (x, y) \in \Sigma,
\tag{5.2}
$$

这里 h 满足: 对任意 $(x, y) \in \Sigma$ 都有 $\mathbf{n}(x, y) \neq 0$.

我们研究的一般平面分段光滑系统为

$$
\begin{pmatrix} \dot{x} \\ \dot{y} \end{pmatrix} = \begin{cases} f_-(x, y) + \varepsilon g_-(x, y, t), & (x, y) \in V_-, \\ f_+(x, y) + \varepsilon g_+(x, y, t), & (x, y) \in V_+, \end{cases}
\tag{5.3}
$$

这里 $(x, y) \in \mathbb{R}^2$, 参数 ε 满足 $0 < \varepsilon \ll 1$. 假设对任意的 $(x, y) \in \mathbb{R}^2$, $f_\pm : \mathbb{R}^2 \to \mathbb{R}$ 是 $C^r(r \geqslant 2)$ 的; $g_\pm : \mathbb{R}^2 \times \mathbb{R} \to \mathbb{R}^2$ 是 $C^r(r \geqslant 2)$ 的, 且关于 t 是周期为 $\hat{T}$ 的周期函数.

为了描述在切换流形 Σ 上轨道的碰撞规律, 考虑 (5.3) 的碰撞规律如下

$$
\begin{aligned}
&\tilde{\rho}_\varepsilon : \Sigma \to \Sigma, \\
&(x, y) \mapsto \tilde{\rho}_\varepsilon(x, y) = (\tilde{\rho}_{1,\varepsilon}(x, y), \tilde{\rho}_{2,\varepsilon}(x, y)),
\end{aligned}
\tag{5.4}
$$

对任意的 $(x, y) \in \Sigma$ 满足 $\tilde{\rho}_0(x, y) = (x, y)$, 其中 $0 < \varepsilon \ll 1$, $\tilde{\rho}_{i,\varepsilon} \in C^r(\mathbb{R}^2)$ $(i = 1, 2)$, $r \geqslant 1$.

对任意的 $(x, y) \in \mathbb{R}^2$, 我们定义

$$
\tilde{\rho}_\varepsilon^{-1}(x, y) = (\tilde{\eta}_{1,\varepsilon}(x, y), \tilde{\eta}_{2,\varepsilon}(x, y))
\tag{5.5}
$$

为 $\tilde{\rho}_\varepsilon(x, y)$ 的逆映射.

由前面的假设和定义可知, 切换流形 Σ 将平面分割成两个区域, 并且每个区域的动力学都是由一个光滑系统控制, 轨道在 $t = t^*$ 时刻到达切换流形上的点 $(x, y) \in \Sigma$ 时, 立即跳到点 $\tilde{\rho}_\varepsilon(x, y) \in \Sigma$.

5.2 同宿轨道的 Melnikov 方法

我们首先简单描述系统 (5.3)-(5.4) 的解, 令 $q^-(t_1; t_0, x_0, y_0, \varepsilon)$ 是 (5.3) 在 V_- 上的解, 并且 $t_1 > t_0$ 是 t 满足下列条件的最小值:

$$h(q^-(t_1; t_0, x_0, y_0, \varepsilon)) = 0. \tag{5.6}$$

同理, $q^+(t_2; t_0, x_1, y_1, \varepsilon)$ 是 (5.3) 在 V_+ 上的解, 并且 $t_2 > t_0$ 是 t 满足下列条件的最小值:

$$h(q^+(t_2; t_0, x_1, y_1, \varepsilon)) = 0. \tag{5.7}$$

当 $(x_0, y_0) \in V_-$ 时, 先采用 $q^-(t; t_0, x_0, y_0, \varepsilon)$ 的解, 直到系统 (5.3) 的轨迹道到达 Σ 时, 立即应用碰撞规律 (5.4); 同理, 当 $(x_0, y_0) \in V_+$ 时, 先采用 $q^+(t; t_0, x_0, y_0, \varepsilon)$ 的解, 直到系统 (5.3) 的轨道到达 Σ 时, 即刻应用碰撞规律 (5.4). 为了更加直观形象地理解上述不连续系统的解的情况, 下面给出在初始条件为 (x_0, y_0, t_0) 时, 系统 (5.3)-(5.4) 分别满足 $\varepsilon = 0$ 和 $\varepsilon > 0$ 的相图, 如图 5.1 和图 5.2 所示.

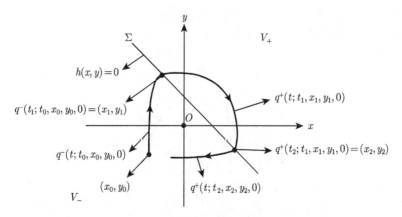

图 5.1 当 $\varepsilon = 0$ 时, 系统 (5.3)-(5.4) 的相图

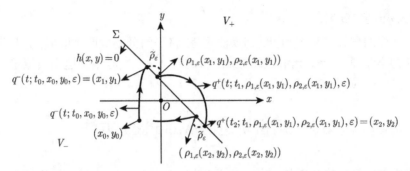

图 5.2   当 $\varepsilon > 0$ 时, 系统 (5.3)-(5.4) 的相图

为了发展非光滑系统全局动力学的 Melnikov 方法, 针对未扰动系统 (5.3)-(5.4) 的几何结构做如下假设.

假设 5.1   当 $\varepsilon = 0$ 时, $p_0 \in V_-$ 为系统 (5.3) 的不动点, 存在一个分段光滑且连续的解 $\gamma(t) \in \mathbb{R}^2$ 同宿于 p_0. 假设同宿轨道的解析表达式为

$$\gamma(t) = \begin{cases} \gamma_-^1(t), & t \leqslant t^u, \\ \gamma_+(t), & t^u \leqslant t \leqslant t^s, \\ \gamma_-^2(t), & t \geqslant t^s, \end{cases} \tag{5.8}$$

这里 $t^u < 0 < t^s$, 当 $t < t^u$ 或 $t > t^s$ 时, $\gamma_-^{1,2}(t) \in V_-$; 当 $t^u < t < t^s$ 时, $\gamma_+(t) \in V_+$, 且 $\gamma_-^1(t^u) = \gamma_+(t^u) \in \Sigma$, $\gamma_-^2(t^s) = \gamma_+(t^s) \in \Sigma$ 成立.

假设 5.2   不失一般性, 我们假设未扰动系统 (5.3)-(5.4) 满足

$$\begin{aligned} [\mathbf{n} \cdot f_-(\gamma_-^1(t^u))] \cdot [\mathbf{n} \cdot f_+(\gamma_-^1(t^u))] > 0, \\ [\mathbf{n} \cdot f_-(\gamma_-^2(t^s))] \cdot [\mathbf{n} \cdot f_+(\gamma_-^2(t^s))] > 0, \end{aligned} \tag{5.9}$$

也就是说, 同宿轨道沿顺时针方向横截穿过切换流形 Σ.

未扰动系统同宿轨道的拓扑同构于图 5.3.

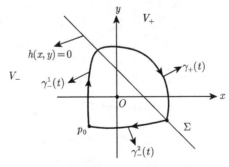

图 5.3   当 $\varepsilon = 0$ 时, 系统 (5.3)-(5.4) 的同宿轨道的拓扑同构图

接下来为了方便问题的分析, 下面首先给出一些引理.

引理 5.1 令 $a = (x_1, x_2)^{\mathrm{T}}$, $b = (y_1, y_2)^{\mathrm{T}}$, A 是 2×2 矩阵, 则有下式成立

$$(Ab) \wedge a + b \wedge (Aa) = \mathrm{trace}(A)(b \wedge a), \tag{5.10}$$

其中 $\mathrm{trace}(A)$ 指的是矩阵 A 的迹.

证明: 令

$$A = \begin{pmatrix} a_{11} & a_{12} \\ a_{21} & a_{22} \end{pmatrix},$$

则有

$$
\begin{aligned}
(Ab) \wedge a + b \wedge (Aa) &= \begin{vmatrix} a_{11}y_1 + a_{12}y_2 & x_1 \\ a_{21}y_1 + a_{22}y_2 & x_2 \end{vmatrix} + \begin{vmatrix} y_1 & a_{11}x_1 + a_{12}x_2 \\ y_2 & a_{21}x_1 + a_{22}x_2 \end{vmatrix} \\
&= a_{11}y_1x_2 - x_1a_{22}y_2 + y_1a_{22}x_2 - y_2a_{11}x_1 \\
&= a_{11}(y_1x_2 - y_2x_1) + a_{22}(x_2y_1 - x_1y_2) \\
&= a_{11}\begin{vmatrix} y_1 & x_1 \\ y_2 & x_2 \end{vmatrix} + a_{22}\begin{vmatrix} y_1 & x_1 \\ y_2 & x_2 \end{vmatrix} \\
&= (a_{11} + a_{22})(b \wedge a) \\
&= \mathrm{trace}(A)(b \wedge a).
\end{aligned}
$$

引理 5.2 令 $a = (a_1, a_2)^{\mathrm{T}}$, $b = (b_1, b_2)^{\mathrm{T}}$, $c = (c_1, c_2)^{\mathrm{T}}$, $n = (n_1, n_2)$, A 是 2×2 矩阵, A^* 是矩阵 A 的伴随矩阵, 则下列表达式成立

$$b \wedge \left(A + \frac{(b - Aa)n}{n \cdot a} c \right) = \frac{(nA^*) \cdot b}{n \cdot a} a \wedge c. \tag{5.11}$$

引理 5.3 假设非齐次变系数常微分方程 $\dot{\omega}(t) = A(t)\omega(t) + h(t)$ 满足解的存在性和唯一性, 在初始条件为 $\omega(t_0) = \omega_0$ 时, 其解为

$$\omega(t) = \omega_0 \exp\left(\int_{t_0}^{t} A(u)du \right) + \int_{t_0}^{t} h(s) \exp\left(\int_{s}^{t} A(u)du \right) ds. \tag{5.12}$$

为了研究系统 (5.3)-(5.4) 的全局动力学, 下面给出系统与 (5.3)-(5.4) 等价的扭扩系统

$$
\begin{pmatrix} \dot{x} \\ \dot{y} \end{pmatrix} = \begin{cases} f_-(x,y) + \varepsilon g_-(x,y,\theta), & (x,y) \in V_-, \\ f_+(x,y) + \varepsilon g_+(x,y,\theta), & (x,y) \in V_+, \end{cases} \tag{5.13}
$$
$$\dot{\theta} = 1,$$

$$(x, y) \mapsto \tilde{\rho}_\varepsilon(x, y) = (\tilde{\rho}_{1,\varepsilon}(x, y), \tilde{\rho}_{2,\varepsilon}(x, y)), \quad (x, y) \in \Sigma, \tag{5.14}$$

其中 $\theta = t(\mathrm{mod}\,\hat{T}) \in \mathbb{S}^1$. 在三维相空间 $\mathbb{R}^2 \times \mathbb{S}^1$, 通过延拓 Guckenheimer 和 Holmes 的专著里面的定理 4.5.1 和定理 4.5.2 (Guckenheimer and Holmes, 1983), 得到下列命题.

命题 5.1 在假设 5.1 和假设 5.2 成立的条件下, 当 $\varepsilon = 0$ 时, 系统 (5.13)-(5.14) 拥有一个双曲周期轨道 $\psi_0 = \{(p_0, \theta) : p_0 \in V_-, \theta \in \mathbb{S}^1\}$. $W^u(\psi_0), W^s(\psi_0)$ 分别是双曲周期轨道 ψ_0 的二维不稳定流形和二维稳定流形, 且相交构成二维同宿流形 $\Gamma \equiv \{(\gamma(t), \theta) \in \mathbb{R}^2 \times \mathbb{S}^1\}$. 当 $\varepsilon > 0$ 时, 系统 (5.13)-(5.14) 存在双曲周期轨道 $\psi_\varepsilon = \{(p_\varepsilon, \theta) : p_\varepsilon \in V_-, \theta \in \mathbb{S}^1\}$, $p_\varepsilon = p_0 + O(\varepsilon) \in \mathbb{R}^2$, 以及分别与 $W^u(\psi_0)$ 和 $W^s(\psi_0)C^r$ 接近的二维不稳定流形和稳定流形 $W^u(\psi_\varepsilon)$ 和 $W^s(\psi_\varepsilon)$.

借鉴 Kunze (2000) 提出的思路来讨论扰动系统 (5.13)-(5.14) 的二维稳定流形 $W^s(\psi_\varepsilon)$ 和不稳定流形 $W^u(\psi_\varepsilon)$ 在哪种情况下横截相交. 先固定 $\theta_0 \in \mathbb{S}^1 \cong [0, \hat{T}]$, 在平面 $\Sigma_{\theta_0} = \mathbb{R}^2 \times \{\theta_0\}$ 上定义一条以 $\gamma_+(0)$ 为起点方向与 $f_+(\gamma_+(0))$ 垂直的射线 L. 进一步, 定义 $p_{\varepsilon, \theta_0}$ 为 Σ_{θ_0} 与 ψ_ε 的相交点. 令 $q^{u,s}(t, \theta_0, \varepsilon)$ 为系统 (5.13)-(5.14) 依赖于 $p_{\varepsilon, \theta_0}$ 的不稳定流形 $W^u(\psi_\varepsilon)$ 和稳定流形 $W^s(\psi_\varepsilon)$ 的唯一轨道, 如图 5.4 所示.

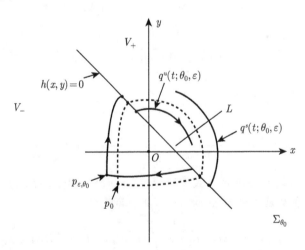

图 5.4　在截面 θ_0 上 $p_{\varepsilon, \theta_0}$ 的稳定流形和不稳定流形

令 $\theta_0 + T^{u,s}(\theta_0, \varepsilon)$ 分别为扰动轨道 $q^{u,s}(t; \theta_0, \varepsilon)$ 横截穿过切换流形的时间, 记作 τ_ε^u 和 τ_ε^s, 表示为

$$\begin{aligned} \tau_\varepsilon^u &:= \theta_0 + T^u(\theta_0, \varepsilon) = \theta_0 + t^u + O(\varepsilon), \\ \tau_\varepsilon^s &:= \theta_0 + T^s(\theta_0, \varepsilon) = \theta_0 + t^s + O(\varepsilon). \end{aligned} \tag{5.15}$$

基于以上的假设和说明, 给出下列定理.

定理5.4 对任意的 $\theta_0 \in [0, \hat{T}]$, 充分小的 $\varepsilon > 0$, 存在 $\delta_i(\varepsilon) > 0 (i = 1, 2, 3, 4)$ 使得 $\theta_0 + t^u - \delta_1(\varepsilon) < \tau_\varepsilon^u < \theta_0 + t^u + \delta_2(\varepsilon)$ 和 $\theta_0 + t^s - \delta_3(\varepsilon) < \tau_\varepsilon^s < \theta_0 + t^s + \delta_4(\varepsilon)$ 成立, 扰动轨道 $q^u(t; \theta_0, \varepsilon)$ 和 $q^s(t; \theta_0, \varepsilon)$ 分别表示为

$$q^u(t; \theta_0, \varepsilon)$$
$$= \begin{cases} q^{u,-}(t; \theta_0, \varepsilon) = \hat{\gamma}^1(t - \theta_0) + \varepsilon q_1^{u,-}(t, \theta_0) + O(\varepsilon^2), & t \in (-\infty, \tau_\varepsilon^u), \\ q^{u,+}(t; \theta_0, \varepsilon) = \hat{\gamma}^2(t - \theta_0) + \varepsilon q_1^{u,+}(t, \theta_0) + O(\varepsilon^2), & t \in (\tau_\varepsilon^u, \theta_0), \end{cases} \quad (5.16)$$

且满足 $\tilde{\rho}_\varepsilon(q^{u,-}(\tau_\varepsilon^u; \theta_0, \varepsilon)) = q^{u,+}(\tau_\varepsilon^u; \theta_0, \varepsilon)$,

$$q^s(t; \theta_0, \varepsilon)$$
$$= \begin{cases} q^{s,+}(t; \theta_0, \varepsilon) = \hat{\gamma}^2(t - \theta_0) + \varepsilon q_1^{s,+}(t, \theta_0) + O(\varepsilon^2), & t \in (\theta_0, \tau_\varepsilon^s), \\ q^{s,-}(t; \theta_0, \varepsilon) = \hat{\gamma}^3(t - \theta_0) + \varepsilon q_1^{s,-}(t, \theta_0) + O(\varepsilon^2), & t \in (\tau_\varepsilon^s, +\infty), \end{cases} \quad (5.17)$$

且满足 $\tilde{\rho}_\varepsilon(q^{s,+}(\tau_\varepsilon^s; \theta_0, \varepsilon)) = q^{s,-}(\tau_\varepsilon^s; \theta_0, \varepsilon)$, 其中

$$\hat{\gamma}^1(t - \theta_0) = \begin{cases} \gamma_-^1(t - \theta_0), & t \in (-\infty, \theta_0 + t^u), \\ \gamma_-^{1, E}(t - \theta_0), & t \in (\theta_0 + t^u, \theta_0 + t^u + \delta_2(\varepsilon)) \end{cases}$$

是定义在 $\mathbb{R}^2$ 上的方程 $(\dot{x}, \dot{y})^{\mathrm{T}} = f_-(x, y) + \varepsilon g_-(x, y, t)$ 的解, 即 $\gamma_-^{1, E}(t - \theta_0)$ 是解 $\gamma_-^1(t - \theta_0)$ 从 V_- 过切换流形 Σ 的延拓;

$$\hat{\gamma}^2(t - \theta_0) = \begin{cases} \gamma_+^{1, E}(t - \theta_0), & t \in (\theta_0 + t^u - \delta_1(\varepsilon), \theta_0 + t^u), \\ \gamma_+(t - \theta_0), & t \in (\theta_0 + t^u, \theta_0 + t^s), \\ \gamma_+^{2, E}(t - \theta_0), & t \in (\theta_0 + t^s, \theta_0 + t^s + \delta_4(\varepsilon)) \end{cases}$$

是定义在 $\mathbb{R}^2$ 上的方程 $(\dot{x}, \dot{y})^{\mathrm{T}} = f_+(x, y) + \varepsilon g_+(x, y, t)$ 的解, 即 $\gamma_+^{1, E}(t - \theta_0)$ 和 $\gamma_+^{2, E}(t - \theta_0)$ 是解 $\gamma_+(t - \theta_0)$ 从 V_+ 过切换流形 Σ 的延拓;

$$\hat{\gamma}^3(t - \theta_0) = \begin{cases} \gamma_-^{2, E}(t - \theta_0), & t \in (\theta_0 + t^s - \delta_3(\varepsilon), \theta_0 + t^s), \\ \gamma_-^2(t - \theta_0), & t \in (\theta_0 + t^s, +\infty) \end{cases}$$

是定义在 $\mathbb{R}^2$ 上的方程 $(\dot{x}, \dot{y})^{\mathrm{T}} = f_-(x, y) + \varepsilon g_-(x, y, t)$ 的解, 即 $\gamma_-^{2, E}(t - \theta_0)$ 是解 $\gamma_-^2(t - \theta_0)$ 从 V_- 过切换流形 Σ 的延拓.

进一步, $q_1^{u,\pm}(t, \theta_0)$ 和 $q_1^{s,\pm}(t, \theta_0)$ 是下列线性方程的解

$$\dot{w} = Df_\pm(\hat{\gamma}^i(t - \theta_0))w + g_\pm(\hat{\gamma}^i(t - \theta_0), t), \quad i = 1, 2, 3, \quad (5.18)$$

其中 $w = (w_1, w_2)^{\mathrm{T}} \in \mathbb{R}^2$.

证明: 在定理 4.5.2 (Guckenheimer and Holmes, 1983) 对光滑系统给出证明的基础上做一些改变, 另外由于切换流形 Σ 上向量场是不连续的, 为了克服这个困难, 我们需要在切换流形 Σ 上, 将解 $\gamma(t - \theta_0)$ 延拓为 $\hat{\gamma}^i(t - \theta_0)$.

在截面 Σ_{θ_0} 上沿着与 $f_+(\gamma_+(0))$ 的垂直的方向在点 p_{ε,θ_0} 的稳定流形 $W^s(p_{\varepsilon,\theta_0})$ 和不稳定流形 $W^u(p_{\varepsilon,\theta_0})$ 之间定义一个度量

$$d(\theta_0) = \frac{f_+(\gamma_+(0)) \wedge (q^u(\theta_0; \theta_0, \varepsilon) - q^s(\theta_0; \theta_0, \varepsilon))}{\|f_+(\gamma_+(0))\|}. \tag{5.19}$$

对式 (5.19) 在扰动参数 $\varepsilon = 0$ 处, 关于 ε 进行泰勒展开到一阶得到

$$d(\theta_0) = \varepsilon \frac{f_+(\gamma_+(0)) \wedge (q_1^{u,+}(\theta_0, \theta_0) - q_1^{s,+}(\theta_0, \theta_0))}{\|f_+(\gamma_+(0))\|} + O(\varepsilon^2). \tag{5.20}$$

令

$$\Delta^{u(s),\pm}(t, \theta_0) = f_\pm(\hat{\gamma}^i(t - \theta_0)) \wedge q_1^{u(s),\pm}(t, \theta_0). \tag{5.21}$$

由 (5.20)-(5.21), 易得

$$d(\theta_0) = \varepsilon \frac{\Delta^{u,+}(\theta_0, \theta_0) - \Delta^{s,+}(\theta_0, \theta_0)}{\|f_+(\gamma_+(0))\|} + O(\varepsilon^2). \tag{5.22}$$

给出 Melnikov 函数定义

$$d(\theta_0) = \varepsilon \frac{M(\theta_0)}{\|f_+(\gamma_+(0))\|} + O(\varepsilon^2), \tag{5.23}$$

其中

$$\begin{aligned}
M(\theta_0) &= \Delta^{u,+}(\theta_0, \theta_0) - \Delta^{s,+}(\theta_0, \theta_0) \\
&= [\Delta^{u,+}(\theta_0, \theta_0) - \Delta^{u,+}(\theta_0 + t^u, \theta_0)] \\
&\quad + [\Delta^{s,+}(\theta_0 + t^s, \theta_0) - \Delta^{s,+}(\theta_0, \theta_0)] \\
&\quad + \Delta^{u,+}(\theta_0 + t^u, \theta_0) - \Delta^{s,+}(\theta_0 + t^s, \theta_0).
\end{aligned} \tag{5.24}$$

接下来的主要工作就是得到 $M(\theta_0)$ 的简单表达式. 首先, 对 $\Delta^{u(s),\pm}(t, \theta_0)$ 关于 t 求导得到

$$\dot{\Delta}^{u(s),\pm}(t, \theta_0) = \mathrm{trace}(Df_\pm(\hat{\gamma}^i(t - \theta_0)))\Delta^{u(s),\pm}(t, \theta_0)$$

$$+ f_\pm(\hat{\gamma}^i(t - \theta_0)) \wedge g_\pm(\hat{\gamma}^i(t - \theta_0), t). \tag{5.25}$$

由于 $f_-(P_0) = 0$ 和 $q_1^{u(s),-}(t, \theta_0)$ 有界, 故 $\Delta^{u,-}(-\infty, \theta_0) = \Delta^{s,-}(+\infty, \theta_0) = 0$. 对微分方程 (5.25) 从 $-\infty$ 到 $\theta_0 + t^u$ 进行积分运算, 将变量 t 替换成 $t + \theta_0$ 得到

$$\Delta^{u,-}(\theta_0 + t^u, \theta_0) = \int_{-\infty}^{t^u} f_-(\gamma_-^1(t)) \wedge g_-(\gamma_-^1(t), t + \theta_0)$$
$$\times \exp\left(\int_t^{t^u} \text{trace}(Df_-(\gamma_-^1(s)))ds\right) dt. \tag{5.26}$$

同理有

$$\Delta^{s,-}(\theta_0 + t^s, \theta_0) = -\int_{t^s}^{+\infty} f_-(\gamma_-^2(t)) \wedge g_-(\gamma_-^2(t), t + \theta_0)$$
$$\times \exp\left(\int_t^{t^s} \text{trace}(Df_-(\gamma_-^2(s)))ds\right) dt, \tag{5.27}$$

$$\Delta^{u,+}(\theta_0, \theta_0) = \Delta^{u,+}(\theta_0 + t^u, \theta_0) \times \exp\left(\int_{\theta_0+t^u}^{\theta_0} \text{trace}(Df_+(\gamma_+(m - \theta_0)))dm\right)$$
$$+ \int_{\theta_0+t^u}^{\theta_0} f_+(\gamma_+(s - \theta_0)) \wedge g_+(\gamma_+(s - \theta_0), s)$$
$$\times \exp\left(\int_s^{\theta_0} \text{trace}(Df_+(\gamma_+(m - \theta_0)))dm\right) ds$$
$$\xlongequal{\mu=m-\theta_0} \Delta^{u,+}(\theta_0 + t^u, \theta_0) \times \exp\left(\int_{t^u}^0 \text{trace}(Df_+(\gamma_+(\mu)))d\mu\right)$$
$$+ \int_{\theta_0+t^u}^{\theta_0} f_+(\gamma_+(s - \theta_0)) \wedge g_+(\gamma_+(s - \theta_0), s)$$
$$\times \exp\left(\int_{s-\theta_0}^0 \text{trace}(Df_+(\gamma_+(\mu)))d\mu\right) ds$$
$$\xlongequal{t=s-\theta_0} \Delta^{u,+}(\theta_0 + t^u, \theta_0) \times \exp\left(\int_{t^u}^0 \text{trace}(Df_+(\gamma_+(\mu)))d\mu\right)$$
$$+ \int_{t^u}^0 f_+(\gamma_+(t)) \wedge g_+(\gamma_+(t), t + \theta_0)$$
$$\times \exp\left(-\int_0^t \text{trace}(Df_+(\gamma_+(\mu)))d\mu\right) dt. \tag{5.28}$$

$$\Delta^{s,+}(\theta_0, \theta_0) = \Delta^{s,+}(\theta_0 + t^s, \theta_0) \times \exp\left(\int_{\theta_0+t^s}^{\theta_0} \text{trace}(Df_+(\gamma_+(m - \theta_0)))dm\right)$$

$$+ \int_{\theta_0+t^s}^{\theta_0} f_+(\gamma_+(s-\theta_0)) \wedge g_+(\gamma_+(s-\theta_0),s)$$

$$\times \exp\left(\int_s^{\theta_0} \mathrm{trace}(Df_+(\gamma_+(m-\theta_0)))dm \right)ds. \tag{5.29}$$

进一步经过变量代换有

$$\Delta^{s,+}(\theta_0,\theta_0) \xrightarrow{\mu=m-\theta_0} \Delta^{s,+}(\theta_0+t^s,\theta_0) \times \exp\left(\int_{t^s}^0 \mathrm{trace}(Df_+(\gamma_+(\mu)))d\mu \right)$$

$$+ \int_{\theta_0+t^s}^{\theta_0} f_+(\gamma_+(s-\theta_0)) \wedge g_+(\gamma_+(s-\theta_0),s)$$

$$\times \exp\left(\int_{s-\theta_0}^0 \mathrm{trace}(Df_+(\gamma_+(\mu)))d\mu \right)ds$$

$$\xrightarrow{t=s-\theta_0} \Delta^{s,+}(\theta_0+t^s,\theta_0) \times \exp\left(\int_{t^s}^0 \mathrm{trace}(Df_+(\gamma_+(\mu)))d\mu \right)$$

$$+ \int_{t^s}^0 f_+(\gamma_+(t)) \wedge g_+(\gamma_+(t),t+\theta_0)$$

$$\times \exp\left(-\int_0^t \mathrm{trace}(Df_+(\gamma_+(\mu)))d\mu \right)dt. \tag{5.30}$$

因此

$$M(\theta_0) = \Delta^{u,+}(\theta_0,\theta_0) - \Delta^{s,+}(\theta_0,\theta_0)$$

$$= \Delta^{u,+}(\theta_0+t^u,\theta_0) \times \exp\left(\int_{t^u}^0 \mathrm{trace}(Df_+(\gamma_+(\mu)))d\mu \right)$$

$$- \Delta^{s,+}(\theta_0+t^s,\theta_0) \times \exp\left(\int_{t^s}^0 \mathrm{trace}(Df_+(\gamma_+(\mu)))d\mu \right)$$

$$+ \int_{t^u}^0 f_+(\gamma_+(t)) \wedge g_+(\gamma_+(t),t+\theta_0)$$

$$\times \exp\left(-\int_0^t \mathrm{trace}(Df_+(\gamma_+(\mu)))d\mu \right)dt$$

$$- \int_{t^s}^0 f_+(\gamma_+(t)) \wedge g_+(\gamma_+(t),t+\theta_0)$$

$$\times \exp\left(-\int_0^t \mathrm{trace}(Df_+(\gamma_+(\mu)))d\mu \right)dt$$

$$= \Delta^{u,+}(\theta_0+t^u,\theta_0) \times \exp\left(\int_{t^u}^0 \mathrm{trace}(Df_+(\gamma_+(\mu)))d\mu \right)$$

$$- \Delta^{s,+}(\theta_0+t^s,\theta_0) \times \exp\left(\int_{t^s}^0 \mathrm{trace}(Df_+(\gamma_+(\mu)))d\mu \right)$$

$$+ \int_{t^u}^{t^s} f_+(\gamma_+(t)) \wedge g_+(\gamma_+(t), t + \theta_0)$$

$$\times \exp\left(-\int_0^t \text{trace}(Df_+(\gamma_+(\mu)))d\mu\right)dt. \tag{5.31}$$

扰动系统 (5.13) 和 (5.14) 中解的渐近展开式 $q_1^{u,s}$ 的确切形式很难得到, 所以要通过 (5.21) 直接计算出 $\Delta^{u,+}(\theta_0 + t^u, \theta_0)$ 和 $\Delta^{s,+}(\theta_0 + t^s, \theta_0)$ 很难. 但是可以利用一些有效的技巧来得到 $\Delta^{u(s),-}(\theta_0 + t^{u(s)}, \theta_0)$ 与 $\Delta^{u(s),+}(\theta_0 + t^{u(s)}, \theta_0)$ 之间的关系表达式. 为此, 首先需要通过引理的形式给出 $q_1^{u(s),+}(t, \theta_0)$ 和 $q_1^{u(s),-}(t, \theta_0)$ 之间的关系表达式.

引理 5.5

$$q_1^{u,+}(\theta_0 + t^u, \theta_0) = \left(\left.\frac{\partial \tilde{\rho}_\varepsilon(\gamma(t^u))}{\partial \varepsilon}\right|_{\varepsilon=0}\right)^{\text{T}} + \mathbb{M} q_1^{u,-}(\theta_0 + t^u, \theta_0),$$

$$q_1^{s,+}(\theta_0 + t^s, \theta_0) = \left(\left.\frac{\partial \tilde{\rho}_\varepsilon^{-1}(\gamma(t^s))}{\partial \varepsilon}\right|_{\varepsilon=0}\right)^{\text{T}} + \mathbb{M}' q_1^{s,-}(\theta_0 + t^s, \theta_0), \tag{5.32}$$

其中矩阵 $\mathbb{M}$ 和 $\mathbb{M}'$ 分别表示为

$$\mathbb{M} = D\tilde{\rho}_\varepsilon(\gamma(t^u))|_{\varepsilon=0} + \frac{[\dot{\gamma}_+(t^u) - D\tilde{\rho}_\varepsilon(\gamma(t^u))|_{\varepsilon=0}\dot{\gamma}_-^1(t^u)]\mathbf{n}(\gamma(t^u))}{\mathbf{n}(\gamma(t^u)) \cdot \dot{\gamma}_-^1(t^u)},$$

$$\mathbb{M}' = D\tilde{\rho}_\varepsilon^{-1}(\gamma(t^s))|_{\varepsilon=0} + \frac{[\dot{\gamma}_+(t^s) - D\tilde{\rho}_\varepsilon^{-1}(\gamma(t^s))|_{\varepsilon=0}\dot{\gamma}_-^2(t^s)]\mathbf{n}(\gamma(t^s))}{\mathbf{n}(\gamma(t^u)) \cdot \dot{\gamma}_-^2(t^s)}. \tag{5.33}$$

因此

$$\Delta^{u,+}(\theta_0 + t^u, \theta_0) = \dot{\gamma}_+(t^u) \wedge \left(\left.\frac{\partial \tilde{\rho}_\varepsilon(\gamma(t^u))}{\partial \varepsilon}\right|_{\varepsilon=0}\right)^{\text{T}}$$

$$+ \frac{\mathbf{n}(\gamma(t^u))D^*\tilde{\rho}_\varepsilon(\gamma(t^u))|_{\varepsilon=0}\dot{\gamma}_+(t^u)}{\mathbf{n}(\gamma(t^u)) \cdot \dot{\gamma}_-^1(t^u)} \Delta^{u,-}(\theta_0 + t^u, \theta_0), \quad (5.34)$$

$$\Delta^{s,+}(\theta_0 + t^s, \theta_0) = \dot{\gamma}_+(t^s) \wedge \left(\left.\frac{\partial \tilde{\rho}_\varepsilon^{-1}(\gamma(t^s))}{\partial \varepsilon}\right|_{\varepsilon=0}\right)^{\text{T}}$$

$$+ \frac{\mathbf{n}(\gamma(t^s))D^*\tilde{\rho}_\varepsilon^{-1}(\gamma(t^s))|_{\varepsilon=0}\dot{\gamma}_+(t^s)}{\mathbf{n}(\gamma(t^s)) \cdot \dot{\gamma}_-^2(t^s)} \Delta^{s,-}(\theta_0 + t^s, \theta_0), \quad (5.35)$$

这里

$$D\tilde{\rho}_\varepsilon(\gamma(t^u))|_{\varepsilon=0} = \left(\begin{array}{cc} \dfrac{\partial \tilde{\rho}_{1,\varepsilon}(\gamma(t^u))}{\partial x} & \dfrac{\partial \tilde{\rho}_{1,\varepsilon}(\gamma(t^u))}{\partial y} \\ \dfrac{\partial \tilde{\rho}_{2,\varepsilon}(\gamma(t^u))}{\partial x} & \dfrac{\partial \tilde{\rho}_{2,\varepsilon}(\gamma(t^u))}{\partial y} \end{array}\right)\Bigg|_{\varepsilon=0},$$

$$
D\tilde{\rho}_\varepsilon^{-1}(\gamma(t^s))|_{\varepsilon=0} = \left.\begin{pmatrix} \dfrac{\partial \tilde{\eta}_{1,\varepsilon}(\gamma(t^s))}{\partial x} & \dfrac{\partial \tilde{\eta}_{1,\varepsilon}(\gamma(t^s))}{\partial y} \\[3mm] \dfrac{\partial \tilde{\eta}_{2,\varepsilon}(\gamma(t^s))}{\partial x} & \dfrac{\partial \tilde{\eta}_{2,\varepsilon}(\gamma(t^s))}{\partial y} \end{pmatrix}\right|_{\varepsilon=0}
$$

是 2×2 矩阵, $D^*\tilde{\rho}_\varepsilon$ 和 $D^*\tilde{\rho}_\varepsilon^{-1}$ 分别表示 $D\tilde{\rho}_\varepsilon(\gamma(t^u))|_{\varepsilon=0}$ 和 $D\tilde{\rho}_\varepsilon^{-1}(\gamma(t^s))|_{\varepsilon=0}$ 的伴随矩阵.

证明: 对任意的 $t \in (\tau_\varepsilon^u, \theta_0)$ 都有

$$
\begin{aligned}
q^{u,+}(t;\theta_0,\varepsilon) =& (\tilde{\rho}_\varepsilon(q^{u,-}(\tau_\varepsilon^u;\theta_0,\varepsilon),\varepsilon))^{\mathrm{T}} \\
&+ \int_{\tau_\varepsilon^u}^t f_+(q^{u,+}(t;\theta_0,\varepsilon)) + \varepsilon g_+(q^{u,+}(t;\theta_0,\varepsilon),t)dt.
\end{aligned} \tag{5.36}
$$

对 (5.36) 关于 ε 求微分, 然后令 $t=\theta_0+t^u$ 和 $\varepsilon=0$ 得到

$$
\begin{aligned}
q_1^{u,+}(\theta_0+t^u,\theta_0) =& \left(\left.\frac{\partial \tilde{\rho}_\varepsilon(\gamma(t^u))}{\partial \varepsilon}\right|_{\varepsilon=0}\right)^{\mathrm{T}} \\
&+ D\tilde{\rho}_\varepsilon(\gamma(t^u))|_{\varepsilon=0}q_1^{u,-}(\theta_0+t^u,\theta_0) \\
&+ [D\tilde{\rho}_\varepsilon(\gamma(t^u))|_{\varepsilon=0}\dot{\gamma}_-^1(t^u) - \dot{\gamma}_+(t^u)]\left.\frac{d\tau_\varepsilon^u}{d\varepsilon}\right|_{\varepsilon=0}.
\end{aligned} \tag{5.37}
$$

因为 $q^{u,-}(\tau_\varepsilon^u;\theta_0,\varepsilon) \in \Sigma$, 则有

$$
h(q^{u,-}(\tau_\varepsilon^u;\theta_0,\varepsilon)) = 0. \tag{5.38}
$$

因此对 (5.38) 关于 ε 求微分, 令 $\varepsilon=0$ 得到

$$
\left.\frac{d\tau_\varepsilon^u}{d\varepsilon}\right|_{\varepsilon=0} = -\frac{\mathbf{n}(\gamma(t^u))\cdot q_1^{u,-}(\theta_0+t^u,\theta_0)}{\mathbf{n}(\gamma(t^u))\cdot \dot{\gamma}_-^1(t^u)}. \tag{5.39}
$$

将 (5.39) 代入 (5.37) 得到 (5.32), 将 (5.32) 代入 (5.21), 则 (5.34) 变为如下形式

$$
\begin{aligned}
&\Delta^{u,+}(\theta_0+t^u,\theta_0) \\
=& \dot{\gamma}_+(t^u) \wedge \left(\left.\frac{\partial \tilde{\rho}_\varepsilon(\gamma(t^u))}{\partial \varepsilon}\right|_{\varepsilon=0}\right)^{\mathrm{T}} + \dot{\gamma}_+(t^u) \wedge \mathbb{M}q_1^{u,-}(\theta_0+t^u,\theta_0) \\
=& \dot{\gamma}_+(t^u) \wedge \left(\left.\frac{\partial \tilde{\rho}_\varepsilon(\gamma(t^u))}{\partial \varepsilon}\right|_{\varepsilon=0}\right)^{\mathrm{T}} + \dot{\gamma}_+(t^u) \wedge (D\tilde{\rho}_\varepsilon(\gamma(t^u)))|_{\varepsilon=0} \\
&+ \frac{[\dot{\gamma}_+(t^u) - D\tilde{\rho}_\varepsilon(\gamma(t^u))|_{\varepsilon=0}\dot{\gamma}_-^1(t^u)]\mathbf{n}(\gamma(t^u))}{\mathbf{n}(\gamma(t^u))\cdot \dot{\gamma}_-^1(t^u)}q_1^{u,-}(\theta_0+t^u,\theta_0) \\
=& \dot{\gamma}_+(t^u) \wedge \left(\left.\frac{\partial \tilde{\rho}_\varepsilon(\gamma(t^u))}{\partial \varepsilon}\right|_{\varepsilon=0}\right)^{\mathrm{T}}
\end{aligned}
$$

$$+ \frac{\mathbf{n}(\gamma(t^u))D^*\tilde{\rho}_\varepsilon(\gamma(t^u))|_{\varepsilon=0}\dot{\gamma}_+(t^u)}{\mathbf{n}(\gamma(t^u)) \cdot \dot{\gamma}_-^1(t^u)}\dot{\gamma}_-^1(t^u) \wedge q_1^{u,-}(\theta_0 + t^u, \theta_0)$$

$$=\dot{\gamma}_+(t^u) \wedge \left(\left.\frac{\partial\tilde{\rho}_\varepsilon(\gamma(t^u))}{\partial\varepsilon}\right|_{\varepsilon=0}\right)^{\mathrm{T}}$$

$$+ \frac{\mathbf{n}(\gamma(t^u))D^*\tilde{\rho}_\varepsilon(\gamma(t^u))|_{\varepsilon=0}\dot{\gamma}_+(t^u)}{\mathbf{n}(\gamma(t^u)) \cdot \dot{\gamma}_-^1(t^u)}\Delta^{u,-}(\theta_0 + t^u, \theta_0). \tag{5.40}$$

同理

$$\Delta^{s,+}(\theta_0 + t^s, \theta_0)$$

$$=\dot{\gamma}_+(t^s) \wedge \left(\left.\frac{\partial\tilde{\rho}_\varepsilon(\gamma(t^s))}{\partial\varepsilon}\right|_{\varepsilon=0}\right)^{\mathrm{T}} + \dot{\gamma}_+(t^s) \wedge \mathbb{M}q_1^{s,-}(\theta_0 + t^s, \theta_0)$$

$$=\dot{\gamma}_+(t^s) \wedge \left(\left.\frac{\partial\tilde{\rho}_\varepsilon(\gamma(t^s))}{\partial\varepsilon}\right|_{\varepsilon=0}\right)^{\mathrm{T}} + \dot{\gamma}_+(t^s) \wedge (D\tilde{\rho}_\varepsilon(\gamma(t^s)))|_{\varepsilon=0}$$

$$+ \frac{[\dot{\gamma}_+(t^s) - D\tilde{\rho}_\varepsilon(\gamma(t^s))|_{\varepsilon=0}\dot{\gamma}_-^2(t^s)]\mathbf{n}(\gamma(t^s))}{\mathbf{n}(\gamma(t^s)) \cdot \dot{\gamma}_-^2(t^s)}q_1^{s,-}(\theta_0 + t^s, \theta_0)$$

$$=\dot{\gamma}_+(t^s) \wedge \left(\left.\frac{\partial\tilde{\rho}_\varepsilon(\gamma(t^s))}{\partial\varepsilon}\right|_{\varepsilon=0}\right)^{\mathrm{T}}$$

$$+ \frac{\mathbf{n}(\gamma(t^s))D^*\tilde{\rho}_\varepsilon(\gamma(t^s))|_{\varepsilon=0}\dot{\gamma}_+(t^s)}{\mathbf{n}(\gamma(t^s)) \cdot \dot{\gamma}_-^2(t^s)}\dot{\gamma}_-^2(t^s) \wedge q_1^{s,-}(\theta_0 + t^s, \theta_0)$$

$$=\dot{\gamma}_+(t^s) \wedge \left(\left.\frac{\partial\tilde{\rho}_\varepsilon(\gamma(t^s))}{\partial\varepsilon}\right|_{\varepsilon=0}\right)^{\mathrm{T}}$$

$$+ \frac{\mathbf{n}(\gamma(t^s))D^*\tilde{\rho}_\varepsilon(\gamma(t^s))|_{\varepsilon=0}\dot{\gamma}_+(t^s)}{\mathbf{n}(\gamma(t^s)) \cdot \dot{\gamma}_-^2(t^s)}\Delta^{s,-}(\theta_0 + t^s, \theta_0), \tag{5.41}$$

上式在证明过程中, 推导第三个等式时, 可直接利用引理 5.2, 只要令列向量 $a = \dot{\gamma}_-^1(t^u)$, $b = \dot{\gamma}_+(t^u)$, $c = q_1^{u,-}(\theta_0 + t^u, \theta_0)$, 矩阵 $A = D\tilde{\rho}_\varepsilon(\gamma(t^u))|_{\varepsilon=0}$. 现在将 (5.26), (5.27) 代入 (5.34), (5.35) 求得 $\Delta^{u(s),+}(\theta_0 + t^{u(s)}, \theta_0)$, 再代入 (5.31) 中, 化简得 Melnikov 函数为

$$M(\theta_0)$$

$$= \dot{\gamma}_+(t^u) \wedge \left(\left.\frac{\partial\tilde{\rho}_\varepsilon(\gamma(t^u))}{\partial\varepsilon}\right|_{\varepsilon=0}\right)^{\mathrm{T}} \times \exp\left(\int_{t^u}^0 \mathrm{trace}(Df_+(\gamma_+(u)))du\right)$$

$$- \dot{\gamma}_+(t^s) \wedge \left(\left.\frac{\partial\tilde{\rho}_\varepsilon^{-1}(\gamma(t^s))}{\partial\varepsilon}\right|_{\varepsilon=0}\right)^{\mathrm{T}} \times \exp\left(\int_{t^s}^0 \mathrm{trace}(Df_+(\gamma_+(u)))du\right)$$

$$+ \frac{\mathbf{n}(\gamma(t^u))D^*\tilde{\rho}_\varepsilon(\gamma(t^u))|_{\varepsilon=0}\dot{\gamma}_+(t^u)}{\mathbf{n}(\gamma(t^u)) \cdot \dot{\gamma}_-^1(t^u)} \times \exp\left(\int_{t^u}^0 \mathrm{trace}(Df_+(\gamma_+(u)))du\right)$$

$$\times \int_{-\infty}^{t^u} f_-(\gamma_-^1(t)) \wedge g_-(\gamma_-^1(t), t + \theta_0) \cdot \exp\left(\int_t^{t^u} \mathrm{trace}(Df_-(\gamma_-^1(s)))ds \right)dt$$

$$+ \int_{t^u}^{t^s} f_+(\gamma_+(t)) \wedge g_+(\gamma_+(t), t + \theta_0) \cdot \exp\left(- \int_0^t \mathrm{trace}(Df_+(\gamma_+(\mu)))d\mu \right)dt$$

$$+ \frac{\mathbf{n}(\gamma(t^s))D^*\tilde{\rho}_\varepsilon^{-1}(\gamma(t^s))|_{\varepsilon=0}\dot{\gamma}_+(t^s)}{\mathbf{n}(\gamma(t^s)) \cdot \dot{\gamma}_-^2(t^s)} \times \exp\left(\int_{t^s}^0 \mathrm{trace}(Df_+(\gamma_+(u)))du \right)$$

$$\times \int_{t^s}^{+\infty} f_-(\gamma_-^2(t)) \wedge g_-(\gamma_-^2(t), t + \theta_0) \cdot \exp\left(\int_t^{t^s} \mathrm{trace}(Df_-(\gamma_-^2(s)))ds \right)dt.$$

$$(5.42)$$

上述 Melnikov 函数既包含轨道与切换流形的碰撞规律又体现系统在切换流形上的不连续性. 下面我们给出最重要的定理以及推论来研究平面非光滑混合系统 (5.3)-(5.4) 的同宿分岔和混沌动力学.

定理 5.6　在假设 5.1 和假设 5.2 成立的情况下, 当 ε 充分小时, 如果存在 $\theta_0 \in \mathbb{S}^1 \cong [0, \hat{T}]$, 使得

$$M(\theta_0) = 0, \quad DM(\theta_0) \neq 0.$$

则稳定流形 $W^s(\psi_\varepsilon)$ 和不稳定流 $W^u(\psi_\varepsilon)$ 在 θ_0 附近横截相交.

在上述假设成立的基础上, 可以进一步得到如下 Melnikov 函数的一些特殊形式.

推论 5.7　若系统 (5.3)-(5.4) 满足 $\tilde{\rho}_\varepsilon(x, y) = (\rho_{1,\varepsilon}(x, y), \rho_{2,\varepsilon}(x, y)) = (x, y)$, 即轨道在切换流形上没有碰撞, 则平面非光滑系统 Melnikov 函数 (5.42) 的表达式可以简化为

$$M(\theta_0)$$

$$= \frac{\mathbf{n}(\gamma(t^u))\dot{\gamma}_+(t^u)}{\mathbf{n}(\gamma(t^u)) \cdot \dot{\gamma}_-^1(t^u)} \times \exp\left(\int_{t^u}^0 \mathrm{trace}(Df_+(\gamma_+(u)))du \right)$$

$$\times \int_{-\infty}^{t^u} f_-(\gamma_-^1(t)) \wedge g_-(\gamma_-^1(t), t + \theta_0) \cdot \exp\left(\int_t^{t^u} \mathrm{trace}(Df_-(\gamma_-^1(s)))ds \right)dt$$

$$+ \int_{t^u}^{t^s} f_+(\gamma_+(t)) \wedge g_+(\gamma_+(t), t + \theta_0) \cdot \exp\left(- \int_0^t \mathrm{trace}(Df_+(\gamma_+(\mu)))d\mu \right)dt$$

$$+ \frac{\mathbf{n}(\gamma(t^s))\dot{\gamma}_+(t^s)}{\mathbf{n}(\gamma(t^s)) \cdot \dot{\gamma}_-^2(t^s)} \times \exp\left(\int_{t^s}^0 \mathrm{trace}(Df_+(\gamma_+(u)))du \right)$$

$$\times \int_{t^s}^{+\infty} f_-(\gamma_-^2(t)) \wedge g_-(\gamma_-^2(t), t + \theta_0) \cdot \exp\left(\int_t^{t^s} \mathrm{trace}(Df_-(\gamma_-^2(s)))ds \right)dt.$$

$$(5.43)$$

证明: 因为 $\tilde{\rho}_\varepsilon(x,y) = (\rho_{1,\varepsilon}(x,y), \rho_{2,\varepsilon}(x,y)) = (x,y)$, 所以我们得到

$$\frac{\partial \tilde{\rho}_\varepsilon(\gamma(t^u))}{\partial \varepsilon} = \frac{\partial \tilde{\rho}_\varepsilon^{-1}(\gamma(t^s))}{\partial \varepsilon} = (0,0),$$

$$D\tilde{\rho}_\varepsilon(x,y) = D\tilde{\rho}_\varepsilon^{-1}(x,y) = D^*\tilde{\rho}_\varepsilon(x,y) = D^*\tilde{\rho}_\varepsilon^{-1}(x,y) = \begin{pmatrix} 1 & 0 \\ 0 & 1 \end{pmatrix}.$$

进而通过简单的计算可以证明该推论.

推论 5.8 若系统 (5.3)-(5.4) 满足 $\text{trace}(Df(x,y)) = 0$, 则平面非光滑混合系统 Melnikov 函数 (5.42) 的表达式可以简化为

$$
\begin{aligned}
M(\theta_0) =& \dot{\gamma}_+(t^u) \wedge \left(\left. \frac{\partial \tilde{\rho}_\varepsilon(\gamma(t^u))}{\partial \varepsilon} \right|_{\varepsilon=0} \right)^{\mathrm{T}} - \dot{\gamma}_+(t^s) \wedge \left(\left. \frac{\partial \tilde{\rho}_\varepsilon^{-1}(\gamma(t^s))}{\partial \varepsilon} \right|_{\varepsilon=0} \right)^{\mathrm{T}} \\
&+ \frac{\mathbf{n}(\gamma(t^u)) D^* \tilde{\rho}_\varepsilon(\gamma(t^u))|_{\varepsilon=0} \dot{\gamma}_+(t^u)}{\mathbf{n}(\gamma(t^u)) \cdot \dot{\gamma}_-^1(t^u)} \times \int_{-\infty}^{t^u} f_-(\gamma_-^1(t)) \wedge g_-(\gamma_-^1(t), t+\theta_0) dt \\
&+ \int_{t^u}^{t^s} f_+(\gamma_+(t)) \wedge g_+(\gamma_+(t), t+\theta_0) dt \\
&+ \frac{\mathbf{n}(\gamma(t^s)) D^* \tilde{\rho}_\varepsilon^{-1}(\gamma(t^s))|_{\varepsilon=0} \dot{\gamma}_+(t^s)}{\mathbf{n}(\gamma(t^s)) \cdot \dot{\gamma}_-^2(t^s)} \times \int_{t^s}^{+\infty} f_-(\gamma_-^2(t)) \wedge g_-(\gamma_-^2(t), t+\theta_0) dt.
\end{aligned}
$$
(5.44)

推论 5.9 若系统 (5.3)-(5.4) 满足 $\tilde{\rho}_\varepsilon(x,y) = (\rho_{1,\varepsilon}(x,y), \rho_{2,\varepsilon}(x,y)) = (x,y)$, 即轨道在切换流形上没有碰撞, 进一步要求 $\text{trace}(Df(x,y)) = 0$, 则平面非光滑系统 Melnikov 函数 (5.42) 的表达式为

$$
\begin{aligned}
M(\theta_0) =& \frac{\mathbf{n}(\gamma(t^u)) \dot{\gamma}_+(t^u)}{\mathbf{n}(\gamma(t^u)) \cdot \dot{\gamma}_-^1(t^u)} \times \int_{-\infty}^{t^u} f_-(\gamma_-^1(t)) \wedge g_-(\gamma_-^1(t), t+\theta_0) dt \\
&+ \int_{t^u}^{t^s} f_+(\gamma_+(t)) \wedge g_+(\gamma_+(t), t+\theta_0) dt \\
&+ \frac{\mathbf{n}(\gamma(t^s)) \dot{\gamma}_+(t^s)}{\mathbf{n}(\gamma(t^s)) \cdot \dot{\gamma}_-^2(t^s)} \times \int_{t^s}^{+\infty} f_-(\gamma_-^2(t)) \wedge g_-(\gamma_-^2(t), t+\theta_0) dt.
\end{aligned}
$$
(5.45)

5.3 同宿轨道 Melnikov 函数的应用

5.3.1 应用实例

在这部分, 我们将用上述得到的 Melnikov 函数研究一类特定的平面混合分段光滑系统的同宿轨道的维持性. 在下面的例子中, 我们考虑一个黏性阻尼和一个

周期激励联合作用下的如下分段 Hamilton 系统:

$$
\begin{cases}
\dot{x} = y, \\
\dot{y} = x + \varepsilon(-\mu y + f_0 \cos(\Omega t)),
\end{cases} \quad |x| < 1,
$$

$$
\begin{cases}
\dot{x} = y, \\
\dot{y} = -x + \varepsilon(-\mu y + f_0 \cos(\Omega t)),
\end{cases} \quad |x| > 1,
$$

(5.46)

其中 $\varepsilon\,(0 < \varepsilon \ll 1)$ 是一个小参数, μ 表示黏性阻尼系数, f_0 表示外激励幅值.

描述轨道在切换流形上的跳跃映射表示为

$$
\tilde{\rho}_\varepsilon(\pm 1, y) =
\begin{cases}
\left(\pm 1, \dfrac{y}{1 + \varepsilon\rho_0 y}\right), & y > 0, \\[3mm]
\left(\pm 1, \dfrac{y}{1 - \varepsilon\rho_0 y}\right), & y < 0,
\end{cases}
$$

(5.47)

这里的 $\rho_0 > 0$ 是一个碰撞系数, 且记 $\tilde{\rho}_\varepsilon(x, y)$ 的逆映射的表达式为

$$
\tilde{\rho}_\varepsilon^{-1}(\pm 1, y) =
\begin{cases}
\left(\pm 1, \dfrac{y}{1 - \varepsilon\rho_0 y}\right), & y > 0, \\[3mm]
\left(\pm 1, \dfrac{y}{1 + \varepsilon\rho_0 y}\right), & y < 0.
\end{cases}
$$

(5.48)

5.3.2　Melnikov 分析

系统 (5.46)-(5.47) 的未扰动系统可令 $\varepsilon = 0$ 获得, 其是在切换流形上没有跳跃的一个分段定义的 Hamilton 系统, 可以记作

$$
\begin{aligned}
\dot{x} &= \frac{\partial H}{\partial y}, \\
\dot{y} &= -\frac{\partial H}{\partial x},
\end{aligned}
$$

(5.49)

这里分段定义的 Hamilton 函数为

$$
H(x, y) =
\begin{cases}
H_-(x, y) = \dfrac{1}{2}y^2 - \dfrac{1}{2}x^2 + 1, & |x| < 1, \\[3mm]
H_+(x, y) = \dfrac{1}{2}y^2 + \dfrac{1}{2}x^2, & |x| > 1.
\end{cases}
$$

(5.50)

易得系统 (5.46)-(5.47) 的平衡点为 $(0, 0)$.

当 $-1 < x < 1$ 时, 根据未扰动系统在 $(0,\,0)$ 处的 Jacobi 矩阵的特征值可以判断系统的平衡点是一个鞍点. 此外, 存在一对同宿轨道连接 $(0,0)$ 到其自身, 则未扰动系统的相图如图 5.5 所示.

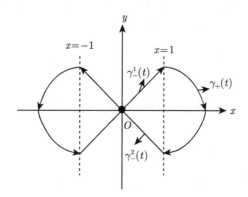

图 5.5 系统 (5.46)-(5.47) 的同宿轨道

从图 5.5 可以了解到同宿轨道的右半部分被垂直于 x 轴的直线 $x = 1$ 分割成椭圆形轨道和两条线段, 将椭圆形轨道记为 $\gamma_+(t)$, 将两条线段分别记为 $\gamma_-^1(t)$ 和 $\gamma_-^2(t)$, 且随着 $t \to -\infty$ 和 $t \to +\infty$, 两条线段相交于平衡点 $(0,0)$. 同宿轨道的解析表达式为

$$\gamma(t) = \begin{cases} \gamma_-^1(t) = (\exp(t+T),\ \exp(t+T))^{\mathrm{T}}, & t \leqslant -T, \\ \gamma_+(t) = (\sqrt{2}\cos t,\ -\sqrt{2}\sin t)^{\mathrm{T}}, & -T \leqslant t \leqslant T, \quad (5.51) \\ \gamma_-^2(t) = (\exp(-(t-T)),\ -\exp(-(t-T)))^{\mathrm{T}}, & t \geqslant T, \end{cases}$$

其中 $T = \dfrac{\pi}{4}$, 并且满足

$$\begin{aligned} \gamma(t^u) &= \gamma(-T) = \gamma_-^1(-T) = \gamma_+(-T) = (1,\,1)^{\mathrm{T}}, \\ \gamma(t^s) &= \gamma(T) = \gamma_-^2(T) = \gamma_+(T) = (1,\,-1)^{\mathrm{T}}, \end{aligned} \qquad (5.52)$$

且有

$$\left.\frac{\partial \tilde{\rho}_\varepsilon(\gamma(t^u))}{\partial \varepsilon}\right|_{\varepsilon=0} = (0, -\rho_0),$$

$$\left.\frac{\partial \tilde{\rho}_\varepsilon^{-1}(\gamma(t^s))}{\partial \varepsilon}\right|_{\varepsilon=0} = (0, -\rho_0),$$

$$D\tilde{\rho}_\varepsilon(\gamma(t^{u(s)}))|_{\varepsilon=0} = D\tilde{\rho}_\varepsilon^{-1}(\gamma(t^{u(s)}))|_{\varepsilon=0} = \begin{pmatrix} 0 & 0 \\ 0 & 1 \end{pmatrix},$$

$$D^* \tilde{\rho}_\varepsilon(\gamma(t^{u(s)}))|_{\varepsilon=0} = D^* \tilde{\rho}_\varepsilon^{-1}(\gamma(t^{u(s)}))|_{\varepsilon=0} = \begin{pmatrix} 1 & 0 \\ 0 & 0 \end{pmatrix}. \tag{5.53}$$

把 $g(x,y) = (0, -\mu y + f_0 \cos(\Omega t))$ 和 $\mathbf{n}(h(x,y)) = \mathbf{grad}(h(x,y)) = (1, 0)$ 代入由公式 (5.44) 给出的 Melnikov 函数有

$$M(\theta_0) = \dot{\gamma}_+(-T) \wedge \left(\left.\frac{\partial \tilde{\rho}_\varepsilon(\gamma(-T))}{\partial \varepsilon}\right|_{\varepsilon=0}\right)^{\mathrm{T}} - \dot{\gamma}_+(T) \wedge \left(\left.\frac{\partial \tilde{\rho}_\varepsilon^{-1}(\gamma(T))}{\partial \varepsilon}\right|_{\varepsilon=0}\right)^{\mathrm{T}}$$

$$+ \int_{-\infty}^{-T} f_-(\gamma_-^1(t)) \wedge g_-(\gamma_-^1(t), t + \theta_0) dt$$

$$+ \int_{-T}^{T} f_+(\gamma_+(t)) \wedge g(\gamma(t), t + \theta_0) dt$$

$$+ \int_{T}^{+\infty} f_-(\gamma_-^2(t)) \wedge g_-(\gamma_-^2(t), t + \theta_0) dt. \tag{5.54}$$

将 (5.51)—(5.53) 代入 (5.54) 可得

$$M(\theta_0) = -2\rho_0 - 2\mu T + f_0(B_1(T) + B_2(T)) \sin(\Omega \theta_0), \tag{5.55}$$

其中

$$B_1(T) = \frac{2(\sin(\Omega T) + \Omega \cos(\Omega T))}{\Omega^2 + 1}, \quad B_2(T) = \frac{-2(\sin(\Omega T) + \Omega \cos(\Omega T))}{\Omega^2 - 1}. \tag{5.56}$$

在上述得到的 Melnikov 函数中, 易知

$$M(\theta_0) = 0 \tag{5.57}$$

有且仅有一个简单零点, 如果下列不等式

$$2\rho_0 + 2\mu T < f_0|(B_1(T) + B_2(T))| \tag{5.58}$$

成立.

5.3.3　数值模拟

在接下来的数值模拟部分, 我们验证本章发展的平面混合系统的 Melnikov 方法在研究系统的全局分岔和混沌动力学方面的有效性. 首先, 考虑系统在切换流形上发生碰撞, 且 $\tilde{\rho}_\varepsilon$ 的碰撞系数 ρ_0 取为 $\rho_0 = 0.2$, 改变不同的阻尼参数 μ, 数值

模拟出系统产生混沌的 f_0-Ω 的参数阈值曲线, 如图 5.6(a) 所示; 类似地, 取定阻尼参数为 $\mu = 0.01$ 时, 改变碰撞系数 ρ_0, 模拟出系统产生混沌的 f_0-Ω 的参数阈值曲线, 如图 5.6(b) 所示. 图 5.6 每一条阈值曲线以上的区域是混沌运动参数取值区域.

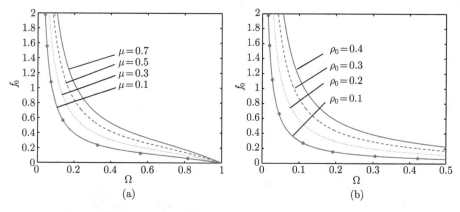

图 5.6　混沌阈值曲线: (a) $\rho_0 = 0.2$; (b) $\mu = 0.01$

取定外激励参数 $f_0 = 0.2$, 改变阻尼参数 μ, 模拟出系统产生混沌的参数 ρ_0-Ω 的临界阈值曲线, 如图 5.7(a) 所示; 类似地, 取定阻尼参数 $\mu = 0.2$ 时, 改变外激励 f_0, 模拟出系统产生混沌的参数 ρ_0-Ω 的临界阈值曲线, 如图 5.7(b) 所示. 图 5.7 每一条阈值曲线以下的区域是混沌运动参数取值区域.

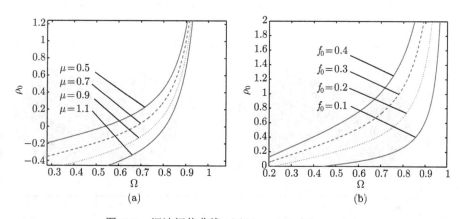

图 5.7　混沌阈值曲线: (a) $f_0 = 0.2$; (b) $\mu = 0.2$

在接下来的数值分析中, 所有参数都在确保横截同宿轨道存在的前提下选取的. 不考虑碰撞映射的影响, 即令 $\rho_0 = 0$, 把参数 ε 和外激励的频率 Ω 的值取定

$\varepsilon = 0.9$, $\Omega = 1.05$, 变化阻尼和外激励幅值, 系统将出现混沌运动. 在图 5.8(a) 中, 阻尼参数和外激励的参数分别取为 $\mu = 0.75$, $f_0 = 1.3$; 在图 5.8(b) 中, 阻尼参数和外激励的参数分别取为 $\mu = 1.08$, $f_0 = 1.25$.

将阻尼悉数 μ 和扰动参数 ε 取值 $\mu = 0.7$, $\varepsilon = 0.9$, 变换外激励的幅值和频率, 系统在产生混沌运动. 在图 5.9(a) 中振幅和频率的参数值我们分别取为 $f_0 = 1.25$, $\Omega = 0.92$; 在图 5.9(b) 中, 振幅 f_0 和频率 Ω 的参数值我们分别取为 $f_0 = 1.05$, $\Omega = 0.85$.

考虑碰撞映射, 选取参数 $\mu = 0.8$, $f_0 = 1.2$ 和 $\Omega = 1.05$, 分别令 $\rho_0 = 0.05$, $\rho_0 = 0.35$, 系统出现混沌运动, 如图 5.10(a), (b) 所示. 在图 5.8—图 5.10 中, 蓝色区域表示系统的相图, 叠加的红色部分表示系统的混沌吸引子.

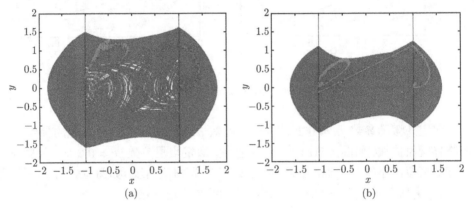

(a) $\qquad\qquad\qquad\qquad$ (b)

图 5.8　混沌运动: (a) $\mu = 0.75, f_0 = 1.3$; (b) $\mu = 1.08, f_0 = 1.25$ (文后附彩图)

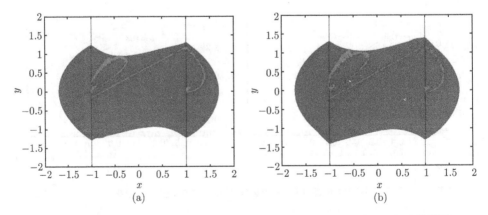

(a) $\qquad\qquad\qquad\qquad$ (b)

图 5.9　混沌运动: (a) $f_0 = 1.25, \Omega = 0.92$; (b) $f_0 = 1.05, \Omega = 0.85$ (文后附彩图)

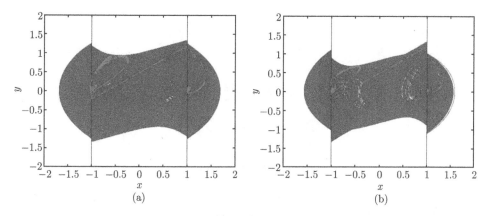

图 5.10 碰撞下的混沌运动: (a) $\rho_0 = 0.05$; (b) $\rho_0 = 0.35$ (文后附彩图)

5.4 本 章 小 结

本章在考虑工程实际系统存在碰撞的情况, 在切换流形上通过映射来描述系统的碰撞规律, 从而发展了一类平面非光滑混合系统同宿轨道的 Melnikov 方法, 可以研究周期激励、黏性阻尼和碰撞共同作用下的系统同宿分岔和混沌动力学. 本章假设未扰动系统可以是不具有非零迹的一般分段光滑系统, 利用未扰动同宿轨道在切换流形两侧的延拓摄动技巧, 通过引入了转移矩阵, 巧妙地找到了切换流形两侧轨道的内在联系, 从而得到度量稳定流形和不稳定流形之间距离的 Melnikov 函数, 使得该函数既包含轨道与切换流形的碰撞规律又体现系统在切换流形上的不连续性, 具有明显的几何直观性和工程应用上的计算优势. 推论 5.9 进一步表明, 本章是第 3 章结论的推广.

第 6 章 平面非光滑混合系统异宿轨道的 Melnikov 方法

6.1 问题的描述

平面 $\mathbb{R}^2$ 上定义两个位于纵轴两侧的切换流形

$$
\begin{aligned}
\Sigma_l &= \Sigma_l^+ \cup \Sigma_l^- \cup (-\alpha, 0), \\
\Sigma_r &= \Sigma_r^+ \cup \Sigma_r^- \cup (\beta, 0),
\end{aligned}
\tag{6.1}
$$

其中 α 和 β 是两个正常数, 切换流形 Σ_l 和 Σ_r 可以是不对称的. Σ_l^+, Σ_l^-, Σ_r^+ 和 Σ_r^- 分别表示如下

$$
\begin{aligned}
\Sigma_l^+ &= \{(x, y) \in \mathbb{R}^2 \mid x = -\alpha,\, y > 0\}, \\
\Sigma_l^- &= \{(x, y) \in \mathbb{R}^2 \mid x = -\alpha,\, y < 0\}, \\
\Sigma_r^+ &= \{(x, y) \in \mathbb{R}^2 \mid x = \beta,\, y > 0\}, \\
\Sigma_r^- &= \{(x, y) \in \mathbb{R}^2 \mid x = \beta,\, y < 0\}.
\end{aligned}
\tag{6.2}
$$

切换流形 Σ_l 和 Σ_r 把平面 $\mathbb{R}^2$ 分成 S_1, S_2 和 S_3 互不相交的三部分

$$
\begin{aligned}
S_1 &= \{(x, y) \in \mathbb{R}^2 \mid x < -\alpha\}, \\
S_2 &= \{(x, y) \in \mathbb{R}^2 \mid -\alpha < x < \beta\}, \\
S_3 &= \{(x, y) \in \mathbb{R}^2 \mid x > \beta\}.
\end{aligned}
\tag{6.3}
$$

切换流形 Σ_l 和 Σ_r 上的任意一点 $(-\alpha, y)$ 或 (β, y) 的法向量为

$$
\mathbf{n} = \mathbf{n}(-\alpha, y) = \mathbf{n}(\beta, y) = (1, 0).
\tag{6.4}
$$

我们下面研究一类平面三分段混合系统

$$
\begin{pmatrix} \dot{x} \\ \dot{y} \end{pmatrix} = f(x, y) + \varepsilon g(x, y, t)
$$

$$= \begin{cases} JDH_1(x,y) + \varepsilon g_1(x,y,t), & (x,y) \in S_1, \\ JDH_2(x,y) + \varepsilon g_2(x,y,t), & (x,y) \in S_2, \\ JDH_3(x,y) + \varepsilon g_3(x,y,t), & (x,y) \in S_3, \end{cases} \tag{6.5}$$

其中

$$\begin{cases} H_1(x,y) := \dfrac{y^2}{2} + V_1(x), & (x,y) \in S_1, \\[2mm] H_2(x,y) := \dfrac{y^2}{2} + V_2(x), & (x,y) \in S_2, \\[2mm] H_3(x,y) := \dfrac{y^2}{2} + V_3(x), & (x,y) \in S_3, \end{cases} \tag{6.6}$$

这里 $(x,y) \in \mathbb{R}^2$, $\varepsilon\,(0 < \varepsilon \ll 1)$ 是一个小参数.

我们假定函数 $V_i(i = 1, 2, 3)$ 是 $C^{r+1}(\mathbb{R})$, $r \geqslant 2$, 且满足 $V_1(-\alpha) = V_2(-\alpha)$ 以及 $V_2(\beta) = V_3(\beta)$. 不失一般性, 假定 $g_i(i = 1, 2, 3) : \mathbb{R}^2 \times \mathbb{R} \to \mathbb{R}^2$ 是关于时间 t 的 $\hat{T}$-周期光滑函数, $D \equiv \left(\dfrac{\partial}{\partial x}, \dfrac{\partial}{\partial y} \right)$, 矩阵 J 是第 3 章定义的辛矩阵.

为了描述在切换流形上的碰撞规律, 我们引入如下两个映射

$$\begin{aligned} &\tilde{\eta}_l : \Sigma_l \times \mathbb{R} \to \Sigma_l, \\ &(-\alpha, y, \varepsilon) \mapsto (-\alpha, \eta_{l,\varepsilon}(y)), \end{aligned} \tag{6.7}$$

$$\begin{aligned} &\tilde{\eta}_r : \Sigma_r \times \mathbb{R} \to \Sigma_r, \\ &(\beta, y, \varepsilon) \mapsto (\beta, \eta_{r,\varepsilon}(y)), \end{aligned} \tag{6.8}$$

其中 $\eta_{l(r),\varepsilon}(y)$ 是连续函数且对于任意的 $y \neq 0$ 和 $0 < \varepsilon \ll 1$, 都满足条件 $y \cdot \eta_{l(r),\varepsilon}(y) > 0$ 和 $\eta_{l(r),\varepsilon}(y) \in C^r(\mathbb{R})$.

我们分别定义碰撞映射的逆映射 $\tilde{\eta}_l^{-1}(-\alpha, y, \varepsilon) = (-\alpha, \eta_{l,\varepsilon}^{-1}(y))$ 和 $\tilde{\eta}_r^{-1}(\beta, y, \varepsilon)$ $= (\beta, \eta_{r,\varepsilon}^{-1}(y))$, 其中 $\eta_{l,\varepsilon}^{-1}(y)$ 和 $\eta_{r,\varepsilon}^{-1}(y)$ 分别为 $\eta_{l,\varepsilon}(y)$ 和 $\eta_{r,\varepsilon}(y)$ 的逆映射. 记号 Π_x, Π_y 和两向量的外积定义参见 4.1 节.

根据前面的描述, 可知在平面内存在两个切换流形, 即两条直线 $x = -\alpha$ 和 $x = \beta$, 这两个切换流形把半平面分成三部分, 且每一部分都被一个光滑系统控制. 我们期望轨道在到达切换流形 Σ_l 上的某点 $(-\alpha, y)$ 时, 会在映射 (6.7) 的作用下立即发生跳跃, 即从 $(-\alpha, y)$ 映射到 $(-\alpha, \eta_{l,\varepsilon}(y))$, 然后会横截穿过该切换流形进入下一个区域. 同理, 轨道在到达切换流形 Σ_r 上的某点 (β, y) 时, 会在映射 (6.8) 的作用下立即发生跳跃, 即从 (β, y) 映射到 $(\beta, \eta_{r,\varepsilon}(y))$, 然后会横截穿

过该切换流形进入下一个区域. 不失一般性地, 我们还假设轨迹是沿着顺时针方向的.

为了研究系统 (6.5), (6.7) 和 (6.8), 我们首先给出该系统精确解的定义. 我们假设 $q^1(t_1; t_0, x_0, y_0, \varepsilon)$ 是系统 (6.5), (6.7) 和 (6.8) ($t = t_0$ 时过点 $(x_0, y_0) \in S_1$) 在区域 S_1 内的流, 且 $t_1(t_1 > t_0)$ 是满足条件

$$\Pi_x(q^1(t_1; t_0, x_0, y_0, \varepsilon)) = -\alpha \tag{6.9}$$

的 t 的最小值. 类似地, 设 $q^2(t; t_0, x_1, y_1, \varepsilon)$ 是系统 (6.5), (6.7) 和 (6.8) ($t = t_0$ 时过点 $(x_1, y_1) \in S_2$) 在区域 S_2 内的流, 且 $t_2(t_2 > t_0)$ 是满足条件

$$\Pi_x(q^2(t_2; t_0, x_1, y_1, \varepsilon)) = \beta. \tag{6.10}$$

的 t 的最小值. 设 $q^3(t; t_0, x_2, y_2, \varepsilon)$ 是系统 (6.5), (6.7) 和 (6.8) ($t = t_0$ 时过点 $(x_2, y_2) \in S_3$) 在区域 S_3 内的流, 且 $(t_3(t_3 > t_0))$ 是满足条件

$$\Pi_x(q^3(t_3; t_0, x_2, y_2, \varepsilon)) = \beta \tag{6.11}$$

的 t 的最小值.

因为当系统的流到达切换流形 $\Sigma_l \cup \Sigma_r$ 时会横截穿过切换流形, 所以我们通过适当地衔接 $q^i(t; t_0, x_0, y_0, \varepsilon), i = 1, 2, 3$ 就可以把系统 (6.5), (6.7) 和 (6.8) 的解扩展到 $t \geqslant t_0$ 的整个时间段上. 首先, 我们根据初始点 (x_0, y_0) 所在的区域, 可以判定经过该点的流 $q^i(t; t_0, x_0, y_0, \varepsilon), i = 1, 2, 3$. 当轨道到达切换流形 $\Sigma_l \cup \Sigma_r$ 上时, 会在相应的映射 (6.7) 或 (6.8) 作用下发生跳跃. 为了形象地说明上述内容, 我们分别给出了满足初始值 (x_0, y_0, t_0) 的非自治系统 (6.5), (6.7) 和 (6.8) 在 $\varepsilon = 0$ 和 $\varepsilon > 0$ 时的轨迹, 如图 6.1 和图 6.2 所示.

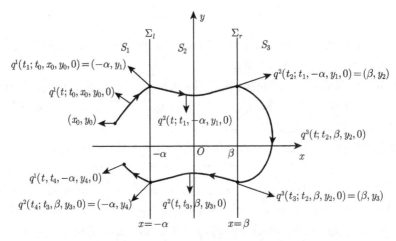

图 6.1　当 $\varepsilon = 0$ 时, 系统 (6.5), (6.7) 和 (6.8) 的解

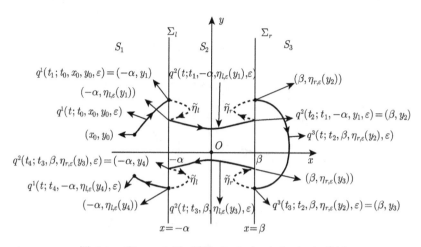

图 6.2 当 $\varepsilon > 0$ 时, 系统 (6.5), (6.7) 和 (6.8) 的解

6.2 异宿轨道的 Melnikov 方法

在这一部分, 我们来判定在非自治 $\hat{T}$-周期微小扰动 εg 的作用下, 异宿轨道的维持性和异宿分岔. 众所周知在光滑系统的情形下, 异宿轨道的维持性和异宿分岔可以通过经典的 Melnikov 方法证明. 接下来, 我们将要推广经典的 Melnikov 方法从而适用本章非光滑平面混合系统.

为了达到我们的目标, 我们需要对未扰动系统给出如下两个假设.

假设 6.1 假设未扰动系统存在鞍点 $z_0^+ \equiv (x^+, y^+) \in S_3$ 和鞍点 $z_0^- \equiv (x^-, y^-) \in S_1$.

假设 6.2 假设未扰动系统有两个异宿轨道 $W^u(z_0^-) = W^s(z_0^+)$ 和 $W^u(z_0^+) = W^s(z_0^-)$, 且由这两个异宿轨道构成的异宿环包围着原点. 假设位于 x 轴上方的异宿轨道由三部分构成

$$
\gamma(t) = \begin{cases} \gamma_1(t), & t \leqslant t^u, \\ \gamma_2(t), & t^u \leqslant t \leqslant t^s, \\ \gamma_3(t), & t \geqslant t^s, \end{cases} \tag{6.12}
$$

这里 $t^u < 0 < t^s$. 当 $t < t^u$ 时, 有 $\gamma_1(t) \in S_1$, 当 $t^u < t < t^s$ 时, 有 $\gamma_2(t) \in S_2$, 当 $t > t^s$ 时, 有 $\gamma_3(t) \in S_3$, 且有 $\gamma_1(t^u) = \gamma_2(t^u) \in \Sigma_l^+$, $\gamma_2(t^s) = \gamma_3(t^s) \in \Sigma_r^+$.

未扰动系统 (6.5), (6.7) 和 (6.8) 的异宿轨道拓扑等价于图 6.3.

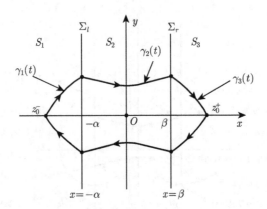

图 6.3　当 $\varepsilon = 0$ 时, 系统 (6.5), (6.7) 和 (6.8) 的异宿轨道拓扑等价图

与系统 (6.5), (6.7) 和 (6.8) 等价的扭扩系统为

$$
\begin{pmatrix} \dot{x} \\ \dot{y} \end{pmatrix} = \begin{cases} JDH_1(x,y) + \varepsilon g_1(x,y,\theta), & (x,y) \in S_1, \\ JDH_2(x,y) + \varepsilon g_2(x,y,\theta), & (x,y) \in S_2, \\ JDH_3(x,y) + \varepsilon g_3(x,y,\theta), & (x,y) \in S_3, \end{cases}
\tag{6.13}
$$
$$
\dot{\theta} = 1,
$$

其中 $\theta = t(\mathrm{mod}\,\hat{T}) \in \mathbb{S}^1$.

当 $(-\alpha, y) \in \Sigma_l$ 时有 $\tilde{\eta}_l(-\alpha, y, \varepsilon) = (-\alpha, \eta_{l,\varepsilon}(y))$, 当 $(\beta, y) \in \Sigma_r$ 时有 $\tilde{\eta}_r(\beta, y, \varepsilon) = (\beta, \eta_{r,\varepsilon}(y))$.

在三维相空间 $\mathbb{R}^2 \times \mathbb{S}^1$ 里, 推广引理 4.5.1 和引理 4.5.2(Guckenheimer and Holmes, 1983), 我们可以得到下列命题.

命题 6.1　当 $\varepsilon = 0$ 时, 扭扩系统 (6.13) 有两个双曲周期轨道

$$
\xi_0^{\pm} = \{(z_0^{\pm}, \theta) : z_0^+ \in S_3, z_0^- \in S_1, \theta \in \mathbb{S}^1\},
$$

而且 $\xi_0^{\pm}$ 有分段 C^1 的二维稳定流形和不稳定流形, 分别记作 $W^s(\xi_0^{\pm})$ 和 $W^u(\xi_0^{\pm})$, 且稳定流形和不稳定流形在二维的异宿流形 $\Gamma \equiv \{(\gamma(t), \theta) \in \mathbb{R}^2 \times \mathbb{S}^1\}$ 中重合.

当 $\varepsilon > 0$ 且足够小时, 扭扩系统 (6.13) 有两个双曲周期轨道

$$
\xi_{\varepsilon}^{\pm} = \{(z_{\varepsilon}^{\pm}, \theta) : z_{\varepsilon}^- \in S_1, z_{\varepsilon}^+ \in S_3, \theta \in \mathbb{S}^1\}, \quad z_{\varepsilon}^{\pm} = z_0^{\pm} + O(\varepsilon) \in \mathbb{R}^2.
$$

而且 $\xi_{\varepsilon}^{\pm}$ 有分段 C^1 的二维稳定流形和不稳定流形, 分别记作 $W^s(\xi_{\varepsilon}^{\pm})$ 和 $W^u(\xi_{\varepsilon}^{\pm})$, 且它们分别位于 $W^s(\xi_0^{\pm})$ 和 $W^u(\xi_0^{\pm})$ 的 ε 邻域内.

固定 $\theta_0 \in \mathbb{S}^1 \cong [0, \hat{T}]$, 并且在 $\theta = \theta_0$ 的平面 $\Sigma_{\theta_0} = \mathbb{R}^2 \times \{\theta_0\}$ 上定义一个过点 $\gamma_2(0)$ 的射线 L, 其的方向为 $\nabla H_2(\gamma_2(0))$. 把 $\xi_{\varepsilon}^{\pm}$ 和 Σ_{θ_0} 的交点记作 $z_{\varepsilon}^{\pm}(\theta_0)$, 并

且假设 $q^{u,s}(t;\theta_0,\varepsilon)$ 分别为 $z_\varepsilon^+(\theta_0)$ 的稳定流形 $W^s(z_\varepsilon^+(\theta_0))$ 和 $z_\varepsilon^-(\theta_0)$ 的不稳定流形 $W^s(z_\varepsilon^-(\theta_0))$, 如图 6.4 所示.

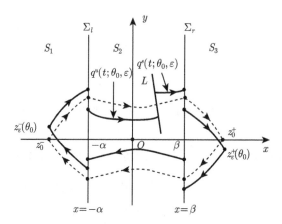

图 6.4　扰动系统 (6.13) 在截面 Σ_0 上的稳定流形和不稳定流形

假设 $\theta_0 + \hat{T}^{u,s}(\theta_0,\varepsilon)$ 是扰动轨道 $q^{u,s}(t;\theta_0,\varepsilon)$ 到达且将要穿过切换流形的时间, 则

$$\theta_0 + \hat{T}^u(\theta_0,\varepsilon) = \theta_0 + t^u + O(\varepsilon), \quad \theta_0 + \hat{T}^s(\theta_0,\varepsilon) = \theta_0 + t^s + O(\varepsilon). \quad (6.14)$$

定义 $\tau_\varepsilon^u := \theta_0 + \hat{T}^u(\theta_0,\varepsilon)$, $\tau_\varepsilon^s := \theta_0 + \hat{T}^s(\theta_0,\varepsilon)$, 我们可以得到下列引理.

引理 6.1　对任意 $\theta_0 \in [0,\hat{T}]$ 和充分小 $\varepsilon > 0$, 存在 $\delta_i(\varepsilon) > 0 (i = 1, 2, 3)$ 使得 $\theta_0 + t^u - \delta_2(\varepsilon) < t_\varepsilon^u < \theta_0 + t^u + \delta_1(\varepsilon)$ 且 $\theta_0 + t^s - \delta_3(\varepsilon) < t_\varepsilon^s < \theta_0 + t^s + \delta_2(\varepsilon)$, 则扰动轨道 $q^u(t;\theta_0,\varepsilon)$ 和 $q^s(t;\theta_0,\varepsilon)$ 可以分别表示为

$$q^u(t;\theta_0,\varepsilon)$$
$$= \begin{cases} q^{u,1}(t;\theta_0,\varepsilon) = \hat{\gamma}_1(t-\theta_0) + \varepsilon q_1^{u,1}(t,\theta_0) + O(\varepsilon^2), & t \in (-\infty, \tau_\varepsilon^u], \\ q^{u,2}(t;\theta_0,\varepsilon) = \hat{\gamma}_2(t-\theta_0) + \varepsilon q_1^{u,2}(t,\theta_0) + O(\varepsilon^2), & t \in [\tau_\varepsilon^u, \theta_0), \end{cases} \quad (6.15)$$

且

$$\Pi_x(q^{u,1}(t_\varepsilon^u;\theta_0,\varepsilon)) = \Pi_x(q^{u,2}(t_\varepsilon^u;\theta_0,\varepsilon)) = -\alpha,$$
$$\eta_{l,\varepsilon}(\Pi_y(q^{u,1}(t_\varepsilon^u;\theta_0,\varepsilon))) = \Pi_y(q^{u,2}(t_\varepsilon^u;\theta_0,\varepsilon)),$$

$$q^s(t;\theta_0,\varepsilon)$$
$$= \begin{cases} q^{s,2}(t;\theta_0,\varepsilon) = \hat{\gamma}_2(t-\theta_0) + \varepsilon q_1^{s,2}(t,\theta_0) + O(\varepsilon^2), & t \in (\theta_0, \tau_\varepsilon^s], \\ q^{s,3}(t;\theta_0,\varepsilon) = \hat{\gamma}_3(t-\theta_0) + \varepsilon q_1^{s,3}(t,\theta_0) + O(\varepsilon^2), & t \in [\tau_\varepsilon^s, +\infty), \end{cases} \quad (6.16)$$

且

$$\Pi_x(q^{s,2}(t_\varepsilon^s; \theta_0, \varepsilon)) = \Pi_x(q^{s,3}(t_\varepsilon^s; \theta_0, \varepsilon)) = \beta,$$

$$\eta_{r,\varepsilon}(\Pi_y(q^{s,2}(t_\varepsilon^s; \theta_0, \varepsilon))) = \Pi_y(q^{s,3}(t_\varepsilon^s; \theta_0, \varepsilon)),$$

其中

$$\hat{\gamma}_1(t - \theta_0) = \begin{cases} \gamma_1(t - \theta_0), & t \in (-\infty, \theta_0 + t^u), \\ \gamma_1^E(t - \theta_0), & t \in (\theta_0 + t^u, \theta_0 + t^u + \delta_1(\varepsilon)) \end{cases}$$

是定义在 $\mathbb{R}^2$ 上的方程 $(\dot{x}, \dot{y})^{\mathrm{T}} = JDH_1(x, y) + \varepsilon g_1(x, y, t)$ 的解.

$$\hat{\gamma}_2(t - \theta_0) = \begin{cases} \gamma_{2,1}^E(t - \theta_0), & t \in (\theta_0 + t^u - \delta_2(\varepsilon), \theta_0 + t^u), \\ \gamma_2(t - \theta_0), & t \in (\theta_0 + t^u, \theta_0 + t^s), \\ \gamma_{2,2}^E(t - \theta_0), & t \in (\theta_0 + t^s, \theta_0 + t^s + \delta_2(\varepsilon)) \end{cases}$$

是定义在 $\mathbb{R}^2$ 上的方程 $(\dot{x}, \dot{y})^{\mathrm{T}} = JDH_2(x, y) + \varepsilon g_2(x, y, t)$ 的解.

$$\hat{\gamma}_3(t - \theta_0) = \begin{cases} \gamma_3^E(t - \theta_0), & t \in (\theta_0 + t^s - \delta_3(\varepsilon), \theta_0 + t^s), \\ \gamma_3(t - \theta_0), & t \in (\theta_0 + t^s, +\infty) \end{cases}$$

是定义在 $\mathbb{R}^3$ 上的方程 $(\dot{x}, \dot{y})^{\mathrm{T}} = JDH_3(x, y) + \varepsilon g_3(x, y, t)$ 的解.

而且 $q_1^{u,i}(t, \theta_0)$ 和 $q_1^{s,i}(t, \theta_0)$ 是下列线性方程的解

$$\dot{w} = JD^2H_i(\hat{\gamma}_i(t - \theta_0)) \cdot w + g_i(\hat{\gamma}_i(t - \theta_0), t), \tag{6.17}$$

其中 $w = (w_1, w_2)^{\mathrm{T}} \in \mathbb{R}^2$, $i = 1, 2, 3$ 且

$$D^2 = \begin{pmatrix} \dfrac{\partial^2}{\partial x^2} & \dfrac{\partial^2}{\partial x \partial y} \\[2mm] \dfrac{\partial^2}{\partial x \partial y} & \dfrac{\partial^2}{\partial y^2} \end{pmatrix}.$$

　　证明: 为了解决在切换流形上由向量场的非光滑性引起的问题, 不失一般性, 在整个相空间 $\mathbb{R}^2$ 上, 我们把解 $\gamma_i(t - \theta_0)(i = 1, 2, 3)$ 拓展成 $\hat{\gamma}_i(t - \theta_0)$. 然后对专著 (Guckenheimer and Holmes, 1983) 中引理 4.5.2 的证明直接修改即可.

　　假设在光滑情形下有

$$\Delta_\varepsilon^{u(s),i} = \varepsilon JDH_i(\hat{\gamma}_i(t - \theta_0)) \wedge q_1^{u(s),i}(t, \theta_0), \tag{6.18}$$

那么
$$\dot{\Delta}_{\varepsilon}^{u(s),i} = \varepsilon JDH_i(\hat{\gamma}_i(t-\theta_0)) \wedge g_i(\hat{\gamma}_i(t-\theta_0), t), \tag{6.19}$$

其中 $i = 1, 2, 3$. 由 $JDH_1(z_0^-) = JDH_3(z_0^+) = 0$ 和 $q_1^{u(s),i}(t, \theta_0)$ 对于 $i = 1, 2, 3$ 有界可知 $\Delta_{\varepsilon}^{u,1}(-\infty, \theta_0) = \Delta_{\varepsilon}^{s,3}(+\infty, \theta_0) = 0$.

用 Hamilton 函数 H_2 度量轨道稳定流形 $q^s(\theta_0; \theta_0, \varepsilon)$ 和不稳定流形 $q^u(\theta_0; \theta_0, \varepsilon)$ 之间的距离, 可以得到如下能量差分函数

$$
\begin{aligned}
H_\varepsilon(\theta_0) &= H_2(q^{u,2}(\theta_0; \theta_0, \varepsilon)) - H_2(q^{s,2}(\theta_0; \theta_0, \varepsilon)) \\
&= [H_2(q^{u,2}(\theta_0; \theta_0, \varepsilon)) - H_2(q^{u,2}(t_\varepsilon^u; \theta_0, \varepsilon))] \\
&\quad + [H_2(q^{u,2}(t_\varepsilon^u; \theta_0, \varepsilon)) - H_1(q^{u,1}(t_\varepsilon^u; \theta_0, \varepsilon))] \\
&\quad + [H_1(q^{u,1}(t_\varepsilon^u; \theta_0, \varepsilon)) - H_1(q^{u,1}(-\infty; \theta_0, \varepsilon))] \\
&\quad + [H_1(q^{u,1}(-\infty; \theta_0, \varepsilon)) - H_3(q^{s,3}(+\infty; \theta_0, \varepsilon))] \\
&\quad + [H_3(q^{s,3}(+\infty; \theta_0, \varepsilon)) - H_3(q^{s,3}(t_\varepsilon^s; \theta_0, \varepsilon))] \\
&\quad + [H_3(q^{s,3}(t_\varepsilon^s; \theta_0, \varepsilon)) - H_2(q^{s,2}(t_\varepsilon^s; \theta_0, \varepsilon))] \\
&\quad + [H_2(q^{s,2}(t_\varepsilon^s; \theta_0, \varepsilon)) - H_2(q^{s,2}(\theta_0; \theta_0, \varepsilon))] \\
&= \varepsilon \int_{-\infty}^{+\infty} f(\gamma(t-\theta_0)) \wedge g(\gamma(t-\theta_0), t) dt \\
&\quad + [\Delta_{\varepsilon}^{u,2}(\theta_0 + t^u, \theta_0) - \Delta_{\varepsilon}^{u,1}(\theta_0 + t^u, \theta_0)] \\
&\quad + [\Delta_{\varepsilon}^{s,3}(\theta_0 + t^s, \theta_0) - \Delta_{\varepsilon}^{s,2}(\theta_0 + t^s, \theta_0)] + O(\varepsilon^2). \tag{6.20}
\end{aligned}
$$

上式中 $\Delta_{\varepsilon}^{u,1}(\theta_0 + t^u, \theta_0)$ 和 $-\Delta_{\varepsilon}^{s,3}(\theta_0 + t^s, \theta_0)$ 分别可以通过式 (6.19) 在区间 $t \in [-\infty, \theta_0 + t^u]$ 和 $t \in [\theta_0 + t^s, +\infty]$ 上积分求得, 即

$$\Delta_{\varepsilon}^{u,1}(\theta_0 + t^u, \theta_0) = \varepsilon \int_{-\infty}^{\theta_0 + t^u} JDH_1(\gamma(t-\theta_0)) \wedge g_1(\gamma(t-\theta_0), t) dt, \tag{6.21}$$

$$-\Delta_{\varepsilon}^{s,3}(\theta_0 + t^s, \theta_0) = \varepsilon \int_{\theta_0 + t^s}^{+\infty} JDH_3(\gamma(t-\theta_0)) \wedge g_3(\gamma(t-\theta_0), t) dt. \tag{6.22}$$

然后, 我们需要计算 $\Delta_{\varepsilon}^{u,2}(\theta_0 + t^u, \theta_0)$ 和 $\Delta_{\varepsilon}^{s,2}(\theta_0 + t^s, \theta_0)$. 但是, 要计算 $\Delta_{\varepsilon}^{u,2}(\theta_0 + t^u, \theta_0)$ 和 $\Delta_{\varepsilon}^{s,2}(\theta_0 + t^s, \theta_0)$, 需要先求得 (6.17) 的解 $q_1^{u,2}(t, \theta_0)$ 和 $q_1^{s,2}(t, \theta_0)$, 因此, 我们给出下列引理.

引理 6.2

$$q_1^{u,2}(\theta_0 + t^u, \theta_0) = \frac{\partial \tilde{\eta}_l(\gamma(t^u), 0)}{\partial \varepsilon} + \lambda q_1^{u,1}(\theta_0 + t^u, \theta_0), \tag{6.23}$$

$$q_1^{s,2}(\theta_0 + t^s, \theta_0) = \frac{\partial \tilde{\eta}_r^{-1}(\gamma(t^s), 0)}{\partial \varepsilon} + \lambda' q_1^{s,3}(\theta_0 + t^s, \theta_0), \tag{6.24}$$

其中矩阵 λ 和 λ' 如下所示

$$\lambda = D\tilde{\eta}_l(\gamma(t^u), 0) + \frac{[\dot{\gamma}_2(t^u) - D\tilde{\eta}_l(\gamma(t^u), 0)\dot{\gamma}_1(t^u)]\mathbf{n}(\gamma(t^u))}{\mathbf{n}(\gamma(t^u)) \cdot \dot{\gamma}_1(t^u)}, \tag{6.25}$$

$$\lambda' = D\tilde{\eta}_r^{-1}(\gamma(t^s), 0) + \frac{[\dot{\gamma}_2(t^s) - D\tilde{\eta}_r^{-1}(\gamma(t^s), 0)\dot{\gamma}_3(t^s)]\mathbf{n}(\gamma(t^s))}{\mathbf{n}(\gamma(t^s)) \cdot \dot{\gamma}_3(t^s)}, \tag{6.26}$$

其中

$$D\tilde{\eta}_l(\gamma(t^u), 0) = \begin{pmatrix} 0 & 0 \\ 0 & \frac{\partial \eta_{l,0}}{\partial y}(\Pi_y \gamma(t^u)) \end{pmatrix},$$

$$D\tilde{\eta}_r^{-1}(\gamma(t^s), 0) = \begin{pmatrix} 0 & 0 \\ 0 & \frac{\partial \eta_{r,0}^{-1}}{\partial y}(\Pi_y \gamma(t^s)) \end{pmatrix},$$

而且

$$\Delta_\varepsilon^{u,2}(\theta_0 + t^u, \theta_0) = \varepsilon \dot{\gamma}_2(t^u) \wedge \frac{\partial \tilde{\eta}_l(\gamma(t^u), 0)}{\partial \varepsilon}$$
$$+ \frac{\mathbf{n}(\gamma(t^u)) \cdot D^* \tilde{\eta}_l(\gamma(t^u), 0)\dot{\gamma}_2(t^u)}{\mathbf{n}(\gamma(t^u)) \cdot \dot{\gamma}_1(t^u)} \Delta_\varepsilon^{u,1}(\theta_0 + t^u, \theta_0), \tag{6.27}$$

$$\Delta_\varepsilon^{s,2}(\theta_0 + t^s, \theta_0) = \varepsilon \dot{\gamma}_2(t^s) \wedge \frac{\partial \tilde{\eta}_r^{-1}(\gamma(t^s), 0)}{\partial \varepsilon}$$
$$+ \frac{\mathbf{n}(\gamma(t^s)) \cdot D^* \tilde{\eta}_r^{-1}(\gamma(t^s), 0)\dot{\gamma}_2(t^s)}{\mathbf{n}(\gamma(t^s)) \cdot \dot{\gamma}_3(t^s)} \Delta_\varepsilon^{s,3}(\theta_0 + t^s, \theta_0), \tag{6.28}$$

其中 $D^*\tilde{\eta}_l(\gamma(t^u), 0)$ 和 $D^*\tilde{\eta}_r^{-1}(\gamma(t^s), 0)$ 分别表示 $D\tilde{\eta}_l(\gamma(t^u), 0)$ 和 $D\tilde{\eta}_r^{-1}(\gamma(t^s), 0)$ 的伴随矩阵.

证明: 当 $t \in (\tau_\varepsilon^u, \theta_0)$ 时,

$$q^{u,2}(t; \theta_0, \varepsilon) = \tilde{\eta}_l(q^{u,1}(\tau_\varepsilon^u; \theta_0, \varepsilon), \varepsilon)$$

$$+ \int_{\tau_\varepsilon^u}^t JDH_2(q^{u,\,2}(s;\theta_0,\varepsilon)) + \varepsilon g_2(q^{u,\,2}(s;\theta_0,\varepsilon),s)ds, \qquad (6.29)$$

上式关于 ε 求导, 并且令 $t = \theta_0 + t^u$ 和 $\varepsilon = 0$, 则有

$$q_1^{u,\,2}(\theta_0 + t^u,\theta_0) = \frac{\partial \tilde{\eta}_l(\gamma(t^u),0)}{\partial \varepsilon} + D\tilde{\eta}_l(\gamma(t^u),0)q_1^{u,\,1}(\theta_0 + t^u,\theta_0)$$

$$+ [D\tilde{\eta}_l(\gamma(t^u),0)\dot{\gamma}_1(t^u) - \dot{\gamma}_2(t^u)]\frac{dt_\varepsilon^u}{d\varepsilon}\bigg|_{\varepsilon=0}. \qquad (6.30)$$

又因为 $q_1^{u,\,1}(\tau_\varepsilon^u;\theta_0,\varepsilon) \in \Sigma_l^+$, 从而

$$\Pi_x(q_1^{u,\,1}(\tau_\varepsilon^u;\theta_0,\varepsilon)) = -\alpha. \qquad (6.31)$$

上式关于 ε 求导, 并且令 $\varepsilon = 0$, 则有

$$\frac{d\tau_\varepsilon^u}{d\varepsilon}\bigg|_{\varepsilon=0} = -\frac{\mathbf{n}(\gamma(t^u)) \cdot q_1^{u,\,1}(\theta_0 + t^u,\theta_0)}{\mathbf{n}(\gamma(t^u)) \cdot \dot{\gamma}_1(t^u)}. \qquad (6.32)$$

把 (6.32) 代入 (6.30) 中, 可以得到 (6.23) 和 (6.24). 然后进一步把等式 (6.23) 和 (6.24) 代入 (6.18) 中, 则可得到 (6.27). 公式 (6.24) 和 (6.28) 的证明过程类似, 此处省略. 具体计算过程如下所示:

$$\Delta_\varepsilon^{u,\,2}(\theta_0 + t^u,\theta_0)$$

$$= \varepsilon JDH_2(\gamma(t^u)) \wedge q_1^{u,\,2}(\theta_0 + t^u,\theta_0)$$

$$= \varepsilon \dot{\gamma}_2(t^u) \wedge \left(\frac{\partial \tilde{\eta}_l(\gamma(t^u),0)}{\partial \varepsilon} + \lambda q_1^{u,\,1}(\theta_0 + t^u,\theta_0) \right)$$

$$= \varepsilon \dot{\gamma}_2(t^u) \wedge \frac{\partial \tilde{\eta}_l(\gamma(t^u),0)}{\partial \varepsilon} + \varepsilon \dot{\gamma}_2(t^u) \wedge \lambda q_1^{u,\,1}(\theta_0 + t^u,\theta_0)$$

$$= \varepsilon \dot{\gamma}_2(t^u) \wedge \frac{\partial \tilde{\eta}_l(\gamma(t^u),0)}{\partial \varepsilon}$$

$$+ \varepsilon \frac{\mathbf{n}(\gamma(t^u)) \cdot D^*\tilde{\eta}_l(\gamma(t^u),0)\dot{\gamma}_2(t^u)}{\mathbf{n}(\gamma(t^u)) \cdot \dot{\gamma}_1(t^u)} \dot{\gamma}_1(t^u) \wedge q_1^{u,\,1}(\theta_0 + t^u,\theta_0)$$

$$= \varepsilon \dot{\gamma}_2(t^u) \wedge \frac{\partial \tilde{\eta}_l(\gamma(t^u),0)}{\partial \varepsilon}$$

$$+ \varepsilon \frac{\mathbf{n}(\gamma(t^u)) \cdot D^*\tilde{\eta}_l(\gamma(t^u),0)\dot{\gamma}_2(t^u)}{\mathbf{n}(\gamma(t^u)) \cdot \dot{\gamma}_1(t^u)} JDH_1(\gamma_1(t^u)) \wedge q_1^{u,\,1}(\theta_0 + t^u,\theta_0)$$

$$= \varepsilon \dot{\gamma}_2(t^u) \wedge \frac{\partial \tilde{\eta}_l(\gamma(t^u), 0)}{\partial \varepsilon}$$

$$+ \frac{\mathbf{n}(\gamma(t^u)) \cdot D^* \tilde{\eta}_l(\gamma(t^u), 0) \dot{\gamma}_2(t^u)}{\mathbf{n}(\gamma(t^u)) \cdot \dot{\gamma}_1(t^u)} \Delta_\varepsilon^{u,1}(\theta_0 + t^u, \theta_0). \tag{6.33}$$

最后把公式 (6.21), (6.22), (6.27) 和 (6.28) 代入 (6.20) 中, 得到平面非光滑混合系统异宿轨道的一阶 Melnikov 函数为

$$M(\theta_0) = \int_{-\infty}^{+\infty} f(\gamma(t - \theta_0)) \wedge g(\gamma(t - \theta_0), t) dt$$

$$+ \dot{\gamma}_2(t^u) \wedge \frac{\partial \tilde{\eta}_l(\gamma(t^u), 0)}{\partial \varepsilon} + \dot{\gamma}_2(t^s) \wedge \frac{\partial \tilde{\eta}_r^{-1}(\gamma(t^s), 0)}{\partial \varepsilon}$$

$$+ \left(\frac{\mathbf{n}(\gamma(t^u)) \cdot D^* \tilde{\eta}_l(\gamma(t^u), 0) \dot{\gamma}_2(t^u)}{\mathbf{n}(\gamma(t^u)) \cdot \dot{\gamma}_1(t^u)} - 1 \right)$$

$$\times \int_{-\infty}^{\theta_0 + t^u} JDH_1(\gamma_1(t - \theta_0)) \wedge g_1(\gamma_1(t - \theta_0), t) dt$$

$$+ \left(\frac{\mathbf{n}(\gamma(t^s)) \cdot D^* \tilde{\eta}_r^{-1}(\gamma(t^s), 0) \dot{\gamma}_2(t^s)}{\mathbf{n}(\gamma(t^s)) \cdot \dot{\gamma}_3(t^s)} - 1 \right)$$

$$\times \int_{\theta_0 + t^s}^{+\infty} JDH_3(\gamma_3(t - \theta_0)) \wedge g_3(\gamma_3(t - \theta_0), t) dt, \tag{6.34}$$

其中

$$\int_{-\infty}^{+\infty} f(\gamma(t - \theta_0)) \wedge g(\gamma(t - \theta_0), t) dt$$

$$:= \int_{-\infty}^{\theta_0 + t^u} JDH_1(\gamma_1(t - \theta_0)) \wedge g_1(\gamma_1(t - \theta_0), t) dt$$

$$+ \int_{\theta_0 + t^u}^{\theta_0 + t^s} JDH_2(\gamma_2(t - \theta_0)) \wedge g_2(\gamma_2(t - \theta_0), t) dt$$

$$+ \int_{\theta_0 + t^s}^{+\infty} JDH_3(\gamma_3(t - \theta_0)) \wedge g_3(\gamma_3(t - \theta_0), t) dt. \tag{6.35}$$

上面的一阶 Melnikov 函数等价于如下形式

$$M(\theta_0) = \dot{\gamma}_2(t^u) \wedge \frac{\partial \tilde{\eta}_l(\gamma(t^u), 0)}{\partial \varepsilon} + \dot{\gamma}_2(t^s) \wedge \frac{\partial \tilde{\eta}_r^{-1}(\gamma(t^s), 0)}{\partial \varepsilon}$$

$$+ \frac{\mathbf{n}(\gamma(t^u)) \cdot D^* \tilde{\eta}_l(\gamma(t^u), 0) \dot{\gamma}_2(t^u)}{\mathbf{n}(\gamma(t^u)) \cdot \dot{\gamma}_1(t^u)}$$

$$\cdot \int_{-\infty}^{t^u} JDH_1(\gamma_1(t)) \wedge g_1(\gamma_1(t), t + \theta_0)dt$$

$$+ \int_{t^u}^{t^s} JDH_2(\gamma_2(t)) \wedge g_2(\gamma_2(t), t + \theta_0)dt$$

$$+ \frac{\mathbf{n}(\gamma(t^s)) \cdot D^* \tilde{\eta}_r^{-1}(\gamma(t^s), 0)\dot{\gamma}_2(t^s)}{\mathbf{n}(\gamma(t^s)) \cdot \dot{\gamma}_3(t^s)}$$

$$\cdot \int_{t^s}^{+\infty} JDH_3(\gamma_3(t)) \wedge g_3(\gamma_3(t), t + \theta_0)dt. \tag{6.36}$$

定理 6.3 令 ε 充分小, 且假设 (6.1)-(6.2) 成立, 如果存在一个常数 $\theta_0 \in \mathbb{S}^1$ 使得

$$M(\theta_0) = 0, \quad M'(\theta_0) \neq 0, \tag{6.37}$$

那么 $W^s(z_\varepsilon^+)$ 和 $W^u(z_\varepsilon^-)$ 在 θ_0 附近横截相交.

推论 6.4 如果系统 (6.5), (6.7) 和 (6.8) 满足假设 (6.1)-(6.2), 碰撞映射 $\tilde{\eta}_l$ 和 $\tilde{\eta}_r$ 满足 $\tilde{\eta}_l(-\alpha, y, \varepsilon) = (-\alpha, y)$ 和 $\tilde{\eta}_r(\beta, y, \varepsilon) = (\beta, y)$, 那么

$$M(\theta_0) = \frac{\mathbf{n}(\gamma(t^u)) \cdot \dot{\gamma}_2(t^u)}{\mathbf{n}(\gamma(t^u)) \cdot \dot{\gamma}_1(t^u)} \int_{-\infty}^{t^u} JDH_1(\gamma_1(t)) \wedge g_1(\gamma_1(t), t + \theta_0)dt$$

$$+ \int_{t^u}^{t^s} JDH_2(\gamma_2(t)) \wedge g_2(\gamma_2(t), t + \theta_0)dt$$

$$+ \frac{\mathbf{n}(\gamma(t^s)) \cdot \dot{\gamma}_2(t^s)}{\mathbf{n}(\gamma(t^s)) \cdot \dot{\gamma}_3(t^s)} \int_{t^s}^{+\infty} JDH_3(\gamma_3(t)) \wedge g_3(\gamma_3(t), t + \theta_0)dt. \tag{6.38}$$

证明: 由于 $\tilde{\eta}_l(-\alpha, y, \varepsilon) = (-\alpha, y)$ 且 $\tilde{\eta}_r(\beta, y, \varepsilon) = (\beta, y)$, 那么

$$D\tilde{\eta}_l(-\alpha, y, 0) = D\tilde{\eta}_r^{-1}(\beta, y, 0) = \begin{pmatrix} 0 & 0 \\ 0 & 1 \end{pmatrix},$$

$$D^*\tilde{\eta}_l(-\alpha, y, 0) = D^*\tilde{\eta}_r^{-1}(\beta, y, 0) = \begin{pmatrix} 1 & 0 \\ 0 & 0 \end{pmatrix}.$$

进而通过简单计算可以证明上述推论.

注意到

$$\frac{\mathbf{n}(\gamma(t^u)) \cdot \dot{\gamma}_2(t^u)}{\mathbf{n}(\gamma(t^u))\dot{\gamma}_1(t^u)} = \frac{\mathbf{n}(\gamma(t^s)) \cdot \dot{\gamma}_2(t^s)}{\mathbf{n}(\gamma(t^s)) \cdot \dot{\gamma}_3(t^s)} = 1,$$

所以上面 Melnikov 函数, 即 (6.38) 还可以进一步简化. 我们这里特别指出, 本章关于异宿轨道 Melnikov 函数的推导过程并没有利用未扰动系统 Hamilton 函数

的特殊形式, 因此我们得到的 Melnikov 函数对于任意的 Hamilton 未扰动系统均
适用, 我们仍把 Melnikov 函数写成 (6.38) 的形式.

6.3　异宿轨道 Melnikov 方法的应用

6.3.1　应用实例一

本节我们将用上述得到的 Melnikov 函数研究一类特定的平面混合分段光滑
系统异宿环的维持性. 在同宿轨道存在的情形下, Melnikov 方法是研究 Smale 马
蹄意义下混沌动力学的有效方法. Bertozzi 推广了经典的 Melnikov 方法并且用发
展了的 Melnikov 方法研究了在时间周期扰动下异宿环的维持性 (Bertozzi, 1988),
该方法可以被用来研究广义 Smale 马蹄意义下的混沌动力学.

接下来我们用 6.2 节给出的 Melnikov 方法来研究一类平面混合分段光滑系
统的横截异宿环的存在性. 该异宿环将导致系统轨道在未扰动的异宿环附近出现
复杂的动态行为. 我们研究系统

$$
\begin{cases}
\begin{cases}
\dot{x} = y, \\
\dot{y} = x - \mathrm{sign}(x) + \varepsilon(-2\mu y + f_0 \cos(\Omega t)),
\end{cases} & |x| > \alpha, \\[2ex]
\begin{cases}
\dot{x} = y, \\
\dot{y} = -x + \varepsilon(-2\mu y + f_0 \cos(\Omega t)),
\end{cases} & |x| < \alpha,
\end{cases}
\tag{6.39}
$$

其中, $\varepsilon(0 < \varepsilon \ll 1)$ 是一个小的参数, μ 是黏性阻尼系数, f_0 是周期激励幅值, α
是一个常数且 $0 < \alpha < 1$.

跳跃映射如下定义

$$
\begin{aligned}
\tilde{\eta}_l(-\alpha, y, \varepsilon) &= \left(-\alpha, \frac{y}{1 + \varepsilon\rho_0 y} \right), \\
\tilde{\eta}_r(\alpha, y, \varepsilon) &= \left(\alpha, \frac{y}{1 + \varepsilon\rho_0 y} \right),
\end{aligned}
\tag{6.40}
$$

这里 ρ_0 是一个描述碰撞的正参数. $\tilde{\eta}_l$ 和 $\tilde{\eta}_r$ 的逆映射为

$$
\begin{aligned}
\tilde{\eta}_l^{-1}(-\alpha, y) &= \left(-\alpha, \frac{y}{1 - \varepsilon\rho_0 y} \right), \\
\tilde{\eta}_r^{-1}(\alpha, y) &= \left(\alpha, \frac{y}{1 - \varepsilon\rho_0 y} \right).
\end{aligned}
\tag{6.41}
$$

令 $\varepsilon = 0$, 我们可知 (6.39)-(6.40) 的未扰动系统是一个分段 Hamilton 系统,

其可以表述为

$$\dot{x} = \frac{\partial H}{\partial y},$$
$$\dot{y} = -\frac{\partial H}{\partial x}, \tag{6.42}$$

其中分段 Hamilton 函数可表示为

$$H(x, y) = \begin{cases} H_1(x, y) = \dfrac{1}{2}y^2 - \dfrac{1}{2}x^2 - x + \dfrac{1}{2}(\alpha^2 + (1-\alpha)^2), & x < -\alpha, \\[2mm] H_2(x, y) = \dfrac{1}{2}y^2 + \dfrac{1}{2}x^2 + \dfrac{1}{2}, & |x| < \alpha, \\[2mm] H_3(x, y) = \dfrac{1}{2}y^2 - \dfrac{1}{2}x^2 - x + \dfrac{1}{2}(\alpha^2 + (1-\alpha)^2), & x > \alpha. \end{cases} \tag{6.43}$$

我们通过简单地计算可以得到未扰动系统 (6.42) 的平衡解为 $(0,0)$ 和 $(\pm 1, 0)$. 由未扰动系统在平衡解处的 Jacobi 矩阵的特征值可知 $(0,0)$ 是鞍点, $(\pm 1, 0)$ 是中心, 且存在连接 $(\pm 1, 0)$ 的两个异宿轨道构成的异宿环, 如图 6.5 所示, 且该异宿环的解析表达式为

$$\gamma^{\pm}(t) = \begin{cases} \gamma_1^{\pm}(t) = \pm\left((1-\alpha)\exp(t+T) - 1, (1-\alpha)\exp(t+T)\right), & t \leqslant -T, \\[2mm] \gamma_2^{\pm}(t) = \pm\left(d\sin t, \ d\cos t\right), & -T \leqslant t \leqslant T, \\[2mm] \gamma_3^{\pm}(t) = \pm\left((\alpha-1)\exp(-t+T) + 1, (1-\alpha)\exp(-t+T)\right), & t \geqslant T, \end{cases} \tag{6.44}$$

其中

$$d = \sqrt{1 - 2\alpha + 2\alpha^2}, \quad T = \arcsin\frac{\alpha}{d}. \tag{6.45}$$

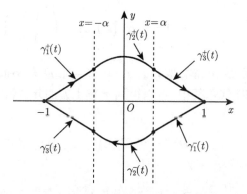

图 6.5 未扰动系统 (6.42) 的异宿环

6.3.2　Melnikov 分析一

在图 6.5 中, 我们给出了未扰动系统 (6.42) 的相图, 其中上标 "+" 表示位于 x 轴上方的异宿轨道, 上标 "−" 表示位于 x 轴下方的异宿轨道. 由跳跃映射 (6.40)-(6.41) 和式 (6.44), 我们可以得到

$$
\begin{aligned}
\gamma^{\pm}(t^u) &= \gamma^{\pm}(-T) = \gamma_1^{\pm}(-T) = \gamma_2^{\pm}(-T) = \pm(-\alpha,\, 1-\alpha) = \pm(-\alpha, y_0), \\
\gamma^{\pm}(t^s) &= \gamma^{\pm}(T) = \gamma_3^{\pm}(T) = \gamma_2^{\pm}(T) = \pm(\alpha,\, 1-\alpha) = \pm(\alpha, y_0)
\end{aligned}
\tag{6.46}
$$

且

$$
\frac{\partial \tilde{\eta}_l(\gamma^+(t^u),\, 0)}{\partial \varepsilon} = (0,\, -\rho_0 y_0^2),
$$

$$
\frac{\partial \tilde{\eta}_r^{-1}(\gamma^+(t^s),\, 0)}{\partial \varepsilon} = (0,\, \rho_0 y_0^2),
$$

$$
\frac{\partial \tilde{\eta}_r(\gamma^-(t^u),\, 0)}{\partial \varepsilon} = (0,\, -\rho_0 y_0^2),
\tag{6.47}
$$

$$
\frac{\partial \tilde{\eta}_l^{-1}(\gamma^-(t^s),\, 0)}{\partial \varepsilon} = (0,\, \rho_0 y_0^2),
$$

$$
\begin{aligned}
D\tilde{\eta}_l(\gamma^+(t^u),0) &= D\tilde{\eta}_r^{-1}(\gamma^+(t^s),0) = D\tilde{\eta}_r(\gamma^-(t^u),0) \\
&= D\tilde{\eta}_l^{-1}(\gamma^-(t^s),0) = \begin{pmatrix} 0 & 0 \\ 0 & 1 \end{pmatrix},
\end{aligned}
\tag{6.48}
$$

$$
\begin{aligned}
D^*\tilde{\eta}_l(\gamma^+(t^u),0) &= D^*\tilde{\eta}_r^{-1}(\gamma^+(t^s),0) = D^*\tilde{\eta}_r(\gamma^-(t^u),0) \\
&= D^*\tilde{\eta}_l^{-1}(\gamma^-(t^s),0) = \begin{pmatrix} 1 & 0 \\ 0 & 0 \end{pmatrix}.
\end{aligned}
\tag{6.49}
$$

根据 Melnikov 函数 (6.36), 取 $g(x,y) = (0,\, -2\mu y + f_0 \cos(\Omega t))$, $\mathbf{n}(\Sigma) = (1,\, 0)$, 并把式 (6.44)—(6.49) 代入其中, 可以得到 x 轴上方的异宿轨道的 Melnikov 函数如下

$$
\begin{aligned}
M^+(\theta_0) = {}&\dot{\gamma}_2^+(-T) \wedge \frac{\partial \tilde{\eta}_l(\gamma^+(-T),0)}{\partial \varepsilon} + \dot{\gamma}_2^+(T) \wedge \frac{\partial \tilde{\eta}_r^{-1}(\gamma^+(T),0)}{\partial \varepsilon} \\
&+ \int_{-\infty}^{-T} JDH_1(\gamma_1^+(t)) \wedge g_1(\gamma_1(t), t + \theta_0)\,dt
\end{aligned}
$$

$$+ \int_{-T}^{T} JDH_2(\gamma_2(t)) \wedge g_2(\gamma_2^+(t), t + \theta_0) dt$$

$$+ \int_{T}^{+\infty} JDH_3(\gamma_3(t)) \wedge g_3(\gamma_3^+(t), t + \theta_0) dt. \tag{6.50}$$

进一步还有

$$M^+(\theta_0) = -2\rho_0(1-\alpha)^3 - 2\mu A(\alpha, T) + f_0 B_1(\alpha, T) \sin(\Omega\theta_0) + f_0 B_2(\alpha, T) \cos(\Omega\theta_0)$$

$$= -2\rho_0(1-\alpha)^3 - 2\mu A(\alpha, T) + f_0 \sqrt{B_1^2 + B_2^2} \sin(\Omega\theta_0 + \bar{\phi}), \tag{6.51}$$

其中

$$\tan \bar{\phi} = \frac{B_2}{B_1},$$

$$A(\alpha, T) = (1-\alpha)^2 + \alpha\sqrt{d^2 - \alpha^2} + d^2 T,$$

$$B_1(\alpha, T) = \frac{(1-\alpha)\Omega}{1 + \Omega^2} \cos(\Omega T),$$

$$B_2(\alpha, T) = \frac{2(1-\alpha)}{1 + \Omega^2} \cos(\Omega T) + \frac{2d}{1 + \Omega^2} \sin(T(1-\Omega)),$$

d 和 T 已经在 (6.45) 中给出.

类似地, 我们可以得到 x 轴下方的异宿轨道 $\gamma^-(t)$ 的 Melnikov 函数

$$M^-(\theta_0) = -2\rho_0(1-\alpha)^3 - 2\mu A(\alpha, T) - f_0 \sqrt{B_1^2 + B_2^2} \sin(\Omega\theta_0 + \bar{\phi}). \tag{6.52}$$

我们从上面得到的 Melnikov 函数可知, 当且仅当下式成立时

$$|2\rho_0(1-\alpha)^3 + 2\mu A(\alpha, T)| < f_0 \sqrt{B_1^2 + B_2^2}, \tag{6.53}$$

等式

$$M^\pm(\theta_0) = 0$$

存在一个简单零点, 即平面混合分段光滑系统 (6.39)-(6.40) 存在一个横截的异宿环, 在未扰动异宿环附近会产生复杂的动态行为.

接下来我们将通过数值模拟证明上述例子中结论的正确性和未扰动系统附近复杂动态行为的存在性.

6.3.3　数值模拟一

在下面的数值模拟中, 我们取定参数 $\alpha = 0.6$. 当跳跃映射 $\tilde{\eta}_{l(r)}$ 的碰撞系数 $\rho_0 = 0.9$ 时, 对于不同的参数 μ, 可以得到使得系统 (6.39)-(6.40) 的横截异宿环存在的参数阈值曲线 f_0-Ω, 如图 6.6(a) 所示. 类似地, 当阻尼系数 $\mu = 0.05$ 时, 对于不同的碰撞参数 ρ_0, 由上述例子中我们得到的 Melnikov 函数, 可以得到使得系统 (6.39)-(6.40) 的横截异宿环存在的参数阈值曲线 f_0-Ω, 如图 6.6(b) 所示. 在参数阈值曲线的上部区域取值时, 在未扰动的异宿环附近, 系统将产生复杂的动态行为.

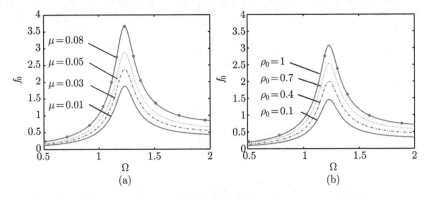

图 6.6　系统 (6.39)-(6.40) 的混沌阈值曲线: (a) $\rho_0 = 0.9$; (b) $\mu = 0.05$

当阻尼系数 $\mu = 0.01$ 时, 对于不同的激励参数 f_0, 可以得到使得系统 (6.39)-(6.40) 的横截异宿环存在的参数阈值曲线 ρ_0-Ω, 如图 6.7(a) 所示. 当激励参数 $f_0 = 0.8$ 时, 对于不同的阻尼参数 μ, 可以得到使得系统 (6.39)-(6.40) 的横截异宿环存在的参数阈值曲线 ρ_0-Ω, 如图 6.7(b) 所示. 在参数阈值曲线的下部区域取值时, 在未扰动的异宿环附近, 系统将产生复杂的动态行为.

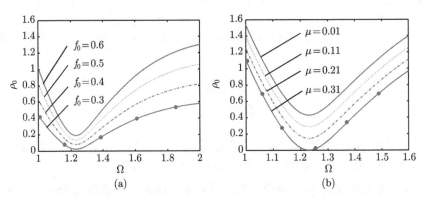

图 6.7　系统 (6.39)-(6.40) 的混沌阈值曲线: (a) $\mu = 0.01$; (b) $f_0 = 0.8$

接下来, 为了验证本章给出的异宿轨道 Melnikov 方法在分析平面非光滑混合系统全局动力学方面的有效性, 在下面数值模拟中, 我们所用的参数均满足系统横截异宿环存在的要求. 我们将通过以下数值模拟证明系统 (6.39)-(6.40) 是高度不稳定的, 在未扰动系统异宿环附近存在复杂的混沌运动.

首先, 先不考虑跳跃映射 (6.39)-(6.40) 的影响, 设 $\rho_0 = 0$. 当取定扰动参数 $\varepsilon = 0.01$ 和外部激励的频率 $\Omega = 0.8$ 时, 我们发现了暂态混沌运动如图 6.8 所示. 在未扰动系统的异宿环附近的暂态混沌运动在一段时间后, 系统 (6.39)-(6.40) 的解将迅速发散. 其中在图 6.8(a) 中, 我们选取的参数值为 $\mu = 0.01$ 和 $f_0 = 0.7$. 在图 6.8(b) 中, 我们选取的参数值为 $\mu = 0.03$ 和 $f_0 = 1.017$.

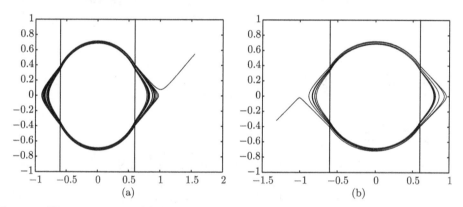

图 6.8 系统 (6.39)-(6.40) 的暂态混沌运动: (a) $\mu = 0.01$, $f_0 = 0.7$; (b)$\mu = 0.03$, $f_0 = 1.017$

其次, 当取定阻尼系数 $\mu = 0.03$ 和扰动参数 $\varepsilon = 0.01$ 时, 通过改变外部激励的振幅 f_0 和频率 Ω 的值, 发现了较长时间的暂态混沌运动, 如图 6.9 所示.

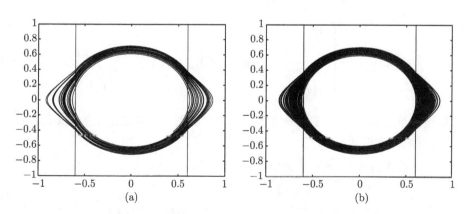

图 6.9 系统 (6.39)-(6.40) 的暂态混沌运动: (a)$\Omega = 0.9$, $f_0 = 1.3$; (b)$\Omega = 1.65$, $f_0 = 1.49$

最后, 在数值模拟中, 考虑跳跃映射 (6.40) 的影响. 设 $\rho_0 = 0.9$, 发现了混沌运动, 如图 6.10 所示. 在图 6.10(a) 中, 选取的参数值为 $\mu = 0.01$, $f_0 = 0.52$ 和 $\Omega = 1.6$. 在图 6.10(b) 中, 选取的参数取值为 $\mu = 0.03$, $f_0 = 1.2$ 和 $\Omega = 1.2$.

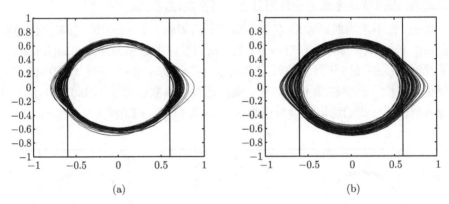

(a)　　　　　　　　　　　　　　(b)

图 6.10　系统 (6.39)-(6.40) 的混沌运动: (a)$\mu = 0.01$, $f_0 = 0.52$, $\Omega = 1.6$; (b)$\mu = 0.03$, $f_0 = 1.2$, $\Omega = 1.2$

6.3.4　应用实例二

在本节中, 我们给出第二个应用实例, 其所研究的系统为

$$\ddot{x} + \omega_0^2(x - f_{\alpha,\beta}(x)) + 2\mu\dot{x} = f_0\cos(\Omega t), \tag{6.54}$$

其中 $f_{\alpha,\beta}(x)$ 是依赖于两个参数 α 和 β 的一个分段线性函数, 限定 $0 < \alpha < \beta < 1$. 方程 (6.54) 可以被看作一个带有死区和饱和约束的简单线性反馈控制系统. 当参数 β 趋近于 α 时, 这个系统是不连续的. 当 $\alpha = \beta = 0$ 时, $f_{\alpha,\beta}(x)$ 的极限是 $\text{sign}(x)$. $f_{\alpha,\beta}(x)$ 的表达式如下, 其函数图像如图 6.11 所示.

$$f_{\alpha,\beta}(x) = \begin{cases} 0, & |x| \leqslant \alpha, \\ \dfrac{1}{\beta - \alpha}(x - \alpha\,\text{sign}(x)), & \alpha < |x| < \beta, \\ \text{sign}(x), & |x| \geqslant \beta. \end{cases} \tag{6.55}$$

假设在系统 (6.54) 中令 $\mu = 0$ 和 $f_0 = 0$, 得到一个分段定义的 Hamilton 系统, 可被写成如下形式

$$\dot{x} = y = \frac{\partial H}{\partial y},$$
$$\dot{y} = -\omega_0^2(x - f_{\alpha,\beta}(x)) = -\frac{\partial H}{\partial x}, \tag{6.56}$$

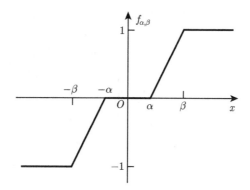

图 6.11 含有两个参数 α 和 β 且 $0 < \alpha < \beta < 1$ 的分段线性函数

其中 Hamilton 函数

$$H(x, y) = \frac{1}{2}y^2 + \frac{1}{2}\omega_0^2 x^2 + \begin{cases} a_0, & |x| \leqslant \alpha, \\ -\dfrac{\omega_0^2}{2(\beta - \alpha)}(x - \alpha \operatorname{sign}(x))^2 + a_1, & \alpha < |x| < \beta, \\ -\omega_0^2(\operatorname{sign}(x))x + a_2, & |x| \geqslant \beta, \end{cases} \quad (6.57)$$

这里，我们假设 $H\left(\pm\dfrac{\alpha}{1+\alpha-\beta}, 0\right) = 0$，则可以得到

$$a_0 = -\frac{1}{2}\omega_0^2\left(\frac{\alpha}{1+\alpha-\beta}\right)^2, \quad a_1 = -\frac{\alpha^2\omega_0^2}{2(1+\alpha-\beta)}, \quad a_2 = \frac{\alpha(2+\alpha-2\beta)\omega_0^2}{2(1+\alpha-\beta)^2}.$$

通过计算可求得未扰动系统 (6.56) 的平衡点为 $(0,0)$，$\left(\pm\dfrac{\alpha}{1+\alpha-\beta}, 0\right)$ 和 $(\pm 1, 0)$. 根据平衡点处 Jacobi 矩阵的特征值 $(0,0)$ 和 $(\pm 1, 0)$ 均是中心，但是 $\left(\pm\dfrac{\alpha}{1+\alpha-\beta}, 0\right)$ 是鞍点，可以推断未扰动系统 (6.56) 含有一个同宿于鞍点 $\left(\pm\dfrac{\alpha}{1+\alpha-\beta}, 0\right)$ 的同宿轨道和一个连接 $\left(\dfrac{\alpha}{1+\alpha-\beta}, 0\right)$ 和 $\left(-\dfrac{\alpha}{1+\alpha-\beta}, 0\right)$ 的异宿环. 系统 (6.56) 的势能图和相图如图 6.12 如示.

当缩减两个参数 α 和 β 到零时，未扰动系统 (6.56) 的相图会急剧地改变. 当 $\alpha = 0, 0 < \beta < 1$ 时，异宿环收缩于原点且两个同宿轨道同宿于原点，如图 6.13(a) 所示. 当 $\alpha = 0, \beta = 0$ 时，未扰动系统 (6.56) 是不连续的. 它的轨道是类同宿轨道，包含两个以 $(\pm 1, 0)$ 为中心的环且这两个环在奇点 $(0,0)$ 处重合，奇点周围的结构呈现了一种鞍点型轨道特性，如图 6.13(b) 所示.

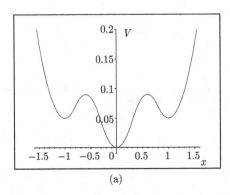
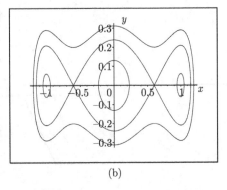

(a) 　　　　　　　　　　　　　(b)

图 6.12　(a) $\alpha = 0.3$ 且 $\beta = 0.8$ 时系统 (6.56) 的势能; (b) 系统 (6.56) 的相图

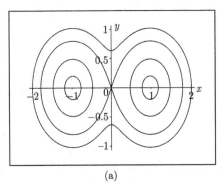
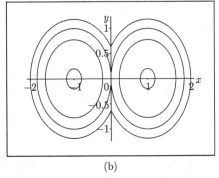

(a) 　　　　　　　　　　　　　(b)

图 6.13　(a) $\alpha = 0$ 且 $0 < \beta < 1$ 时系统 (6.56) 的相图; (b) $\alpha = 0$ 且 $\beta = 0$ 时系统 (6.56) 的
相图

　　为了研究分段线性系统 (6.56) 在周期外部激励和黏性阻尼扰动下的非线性动力学, 我们需要得到未扰动系统的同宿轨道或异宿环的解析表达式. 在本例中仅研究在 $\dfrac{\alpha}{1 + \alpha - \beta} < x$ 条件下的同宿轨道, 如图 6.14 所示.

　　从图 6.14 可知, 未扰动系统 (6.56) 的同宿轨道被切换流形 $x = \beta$ 分割成一个椭圆部分记为 $(x_+^1(t), y_+^1(t))$ 和两个线段部分记为 $(x_+^{2,1}(t), y_+^{2,1}(t))$ 和 $(x_+^{2,2}(t), y_+^{2,2}(t))$, 且当 $t \to \pm\infty$ 时轨道趋近于 $\left(\dfrac{\alpha}{1 + \alpha - \beta}, 0 \right)$.

　　当 $x > \beta$ 时, 上述同宿轨道的椭圆部分以时间 t 为参数的解析表达式为

$$
\begin{cases}
x_+^1(t) = 1 + \dfrac{1 - \beta}{\sqrt{1 + \alpha - \beta}} \cos(w_0 t), \\[3mm]
y_+^1(t) = \dfrac{(\beta - 1) w_0}{\sqrt{1 + \alpha - \beta}} \sin(w_0 t), \quad t \in (-T_0, T_0),
\end{cases}
\tag{6.58}
$$

其中

$$T_0 = \frac{1}{w_0}(\pi - \arccos\sqrt{1+\alpha-\beta}). \tag{6.59}$$

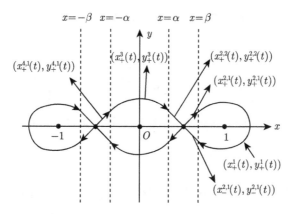

图 6.14   未扰动系统 (6.56) 的同宿轨道

当 $\dfrac{\alpha}{1+\alpha-\beta} < x \leqslant \beta$ 时, 上述同宿轨道的线段部分以时间 t 为参数的解析表达式如下

$$\begin{cases} x_+^{2,1}(t) = \dfrac{\alpha}{1+\alpha-\beta} + \left(\beta - \dfrac{\alpha}{1+\alpha-\beta}\right)\exp(\lambda(t+T_0)), \\[2mm] y_+^{2,1}(t) = \lambda\left(\beta - \dfrac{\alpha}{1+\alpha-\beta}\right)\exp\left(\lambda(t+T_0)\right), \quad t \in (-\infty, -T_0], \end{cases} \tag{6.60}$$

$$\begin{cases} x_-^{2,1}(t) = \dfrac{\alpha}{1+\alpha-\beta} + \left(\beta - \dfrac{\alpha}{1+\alpha-\beta}\right)\exp(-\lambda(t-T_0)), \\[2mm] y_-^{2,1}(t) = -\lambda\left(\beta - \dfrac{\alpha}{1+\alpha-\beta}\right)\exp(-\lambda(t-T_0)), \quad t \in [T_0, \infty), \end{cases} \tag{6.61}$$

其中

$$\lambda = w_0\sqrt{\frac{1+\alpha-\beta}{\beta-\alpha}}. \tag{6.62}$$

当 $\alpha = 0$ 且 $0 < \beta < 1$ 时, 在未扰动系统 (6.56) 中, 同宿于原点的同宿轨道

的解析表达式为

$$\gamma(t) = \begin{cases} (\beta\exp(\lambda(t+T_0)),\ \lambda\beta\exp(\lambda(t+T_0))), & t \in (-\infty,\ -\tilde{T}_0], \\ (1+\sqrt{1-\beta}\cos(w_0 t),\ -w_0\sqrt{1-\beta}\sin(w_0 t)), & t \in (-\tilde{T}_0,\ \tilde{T}_0), \\ (\beta\exp(-\lambda(t-T_0)),\ -\lambda\beta\exp(-\lambda(t-T_0))), & t \in [\tilde{T}_0,\ \infty), \end{cases}$$
$$(6.63)$$

其中

$$\tilde{T}_0 = \frac{1}{w_0}\left(\pi - \arccos\sqrt{1-\beta}\right), \quad \lambda = w_0\sqrt{\frac{1-\beta}{\beta}}. \qquad (6.64)$$

进一步在 $\alpha = \beta = 0$ 的极限情形下, 不连续未扰动系统 (6.56) 的类同宿型轨道的解析解为

$$\Gamma = \left\{(1+\cos(w_0 t),\ -w_0\sin(w_0 t)),\ t \in \left(-\frac{\pi}{w_0},\ \frac{\pi}{w_0}\right)\right\} \cup \{(0,0)\}.$$

通过类似方法, 还可以得到图 6.14 中 $\left(-\dfrac{\alpha}{1+\alpha-\beta},0\right)$ 和 $\left(\dfrac{\alpha}{1+\alpha-\beta},0\right)$ 之间的异宿环如下: 当 $t \in (-\infty,\ -T_1]$ 时,

$$\begin{cases} x_{\pm}^{4,1}(t) = \pm\dfrac{-\alpha}{1+\alpha-\beta} \pm \left(-\alpha+\dfrac{\alpha}{1+\alpha-\beta}\right)\exp(\lambda(t+T_1)), \\[3mm] y_{\pm}^{4,1}(t) = \pm\lambda\left(-\alpha+\dfrac{\alpha}{1+\alpha-\beta}\right)\exp(\lambda(t+T_1)), \end{cases} \qquad (6.65)$$

当 $t \in (-T_1,\ T_1)$ 时,

$$\begin{cases} x_{\pm}^{3}(t) = \pm\dfrac{\alpha}{\sqrt{1+\alpha-\beta}}\sin(w_0 t), \\[3mm] y_{\pm}^{3}(t) = \pm\dfrac{\alpha w_0}{\sqrt{1+\alpha-\beta}}\cos(w_0 t), \end{cases} \qquad (6.66)$$

当 $t \in [T_1,\ \infty)$ 时,

$$\begin{cases} x_{\pm}^{2,2}(t) = \pm\dfrac{\alpha}{1+\alpha-\beta} + \left(\alpha-\dfrac{\alpha}{1+\alpha-\beta}\right)\exp(-\lambda(t-T_1)), \\[3mm] y_{\pm}^{2,2}(t) = \mp\lambda\left(\alpha-\dfrac{\alpha}{1+\alpha-\beta}\right)\exp(-\lambda(t-T_1)), \end{cases} \qquad (6.67)$$

其中

$$T_1 = \frac{1}{w_0} \arcsin \sqrt{1 + \alpha - \beta}. \tag{6.68}$$

6.3.5 Melnikov 分析二

在这部分, 我们主要研究分段线性系统 (6.56) 在增加一个黏性阻尼和一个外周期激励的系统, 即如下改写二维非自治扰动系统:

$$\begin{aligned}
\dot{x} &= y, \\
\dot{y} &= -\omega_0^2(x - f_{\alpha,\beta}(x)) - 2\mu y + f_0 \cos(\Omega t).
\end{aligned} \tag{6.69}$$

第 5 章和本章发展的平面非光滑混合系统 Melnikov 方法可以分别用来研究系统的同宿和异宿环相切. 尽管在 6.2 节提到的 Menikov 方法是在被曲面 Σ 分割成两个开的、不相交的子集 V_- 和 V_+ 的平面相空间上提出的, 但是由于切换流形和系统自身的对称性, 可以应用发展的 Menikov 方法研究被两个对称的超曲面 $h(x,y) = x \mp \alpha$ 和 $h(x,y) = x \mp \beta$ 分割成五个开子集的平面五分段线性系统的全局分岔和混沌动力学. 当 $g(x,y) = (0, -2\mu y + f_0 \cos(\Omega t))$ 且 $\mathbf{n}(h(x,y)) = \mathbf{grad}(h(x,y)) = (1, 0)$ 时, 同宿轨道对应的 Melnikov 函数为

$$\begin{aligned}
M(\theta_0) &= \int_{-\infty}^{-T_0} J D_x H(\gamma(t)) \wedge g(\gamma(t), t + \theta_0) dt \\
&\quad + \int_{-T_0}^{T_0} J D_x H(\gamma(t)) \wedge g(\gamma(t), t + \theta_0) dt \\
&\quad + \int_{T_0}^{+\infty} J D_x H(\gamma(t)) \wedge g(\gamma(t), t + \theta_0) dt \\
&= \int_{-\infty}^{-T_0} [-2\mu(y_+^{2,1}(t))^2 + f_0 y_+^{2,1}(t) \cos(\Omega(t + \theta_0))] dt \\
&\quad + \int_{-T_0}^{T_0} [-2\mu(y_+^1(t))^2 + f_0 y_+^1(t) \cos(\Omega(t + \theta_0))] dt \\
&\quad + \int_{T_0}^{+\infty} [-2\mu(y_-^{2,2}(t))^2 + f_0 y_-^{2,2}(t) \cos(\Omega(t + \theta_0))] dt. \tag{6.70}
\end{aligned}$$

进一步, 我们可以得到

$$M(\theta_0) = -2\mu A(\alpha, \beta, w_0) + f_0 B(\alpha, \beta, w_0, \Omega) \sin(\Omega \theta_0), \tag{6.71}$$

其中

$$A(\alpha, \beta, w_0) = \lambda\left(\beta - \frac{\alpha}{1+\alpha-\beta}\right)^2 + \frac{(1-\beta)^2 w_0^2}{1+\alpha-\beta}\left(T_0 - \frac{1}{2w_0}\sin(2w_0 T_0)\right) > 0,$$

$$B(\alpha, \beta, w_0, \Omega) = B_1(\alpha, \beta, w_0, \Omega) + B_2(\alpha, \beta, w_0, \Omega),$$

$$B_1(\alpha, \beta, w_0, \Omega) = \frac{2\lambda}{\lambda^2 + \Omega^2}\left(\beta - \frac{\alpha}{1+\alpha-\beta}\right)(\lambda\sin(\Omega T_0) + \Omega\cos(\Omega T_0)),$$

$$B_2(\alpha, \beta, w_0, \Omega) = \frac{(1-\beta)w_0}{\sqrt{1+\alpha-\beta}}\left[\frac{1}{w_0-\Omega}\sin((w_0-\Omega)T_0) - \frac{1}{w_0+\Omega}\sin((w_0+\Omega)T_0)\right].$$

而且, 在上述的 Melnikov 函数中, 相关的参数 T_0 和 λ 均已分别在 (6.59) 和 (6.62) 给出. 定义

$$k(\alpha, \beta, w_0, \Omega) = \frac{|B(\alpha, \beta, w_0, \Omega)|}{2A(\alpha, \beta, w_0)}. \tag{6.72}$$

由根据定理 6.3 可知, 当 $\mu/f_0 < k(\alpha, \beta, w_0, \Omega)$ 时, 上述 Melnikov 函数 $M(\theta_0)$ 有一个简单零点. 而且当 $\mu/f_0 = k(\alpha, \beta, w_0, \Omega)$ 时, 该 Melnikov 函数 $M(\theta_0)$ 有二次零点, 会发生二次同宿相切.

　　然后, 用类似的方法我们可以得到关于异宿环 (6.65)—(6.67) 的 Melnikov 函数:

$$M(\tilde{\theta}_0) = \int_{-\infty}^{-T_1}\left[-2\mu\left(y_+^{4,1}(t)\right)^2 + f_0 y_+^{4,1}(t)\cos(\Omega(t+\tilde{\theta}_0))\right]dt$$

$$+ \int_{-T_1}^{T_1}\left[-2\mu\left(y_+^3(t)\right)^2 + f_0 y_+^3(t)\cos(\Omega(t+\tilde{\theta}_0))\right]dt$$

$$+ \int_{T_1}^{+\infty}\left[-2\mu\left(y_+^{2,2}(t)\right)^2 + f_0 y_+^{2,2}(t)\cos(\Omega(t+\tilde{\theta}_0))\right]dt. \tag{6.73}$$

进而, 我们可以得到

$$M(\tilde{\theta}_0) = -2\mu\tilde{A}(\alpha, \beta, w_0) + f_0\tilde{B}(\alpha, \beta, w_0, \Omega)\cos(\Omega\tilde{\theta}_0), \tag{6.74}$$

其中

$$\tilde{A}(\alpha, \beta, w_0) = \lambda \left(\alpha - \frac{\alpha}{1 + \alpha - \beta} \right)^2 + \frac{\alpha^2 w_0^2}{1 + \alpha - \beta} \left[T_1 - \frac{1}{w_0} \sqrt{(1 + \alpha - \beta)(\beta - \alpha)} \right],$$

$$\tilde{B}(\alpha, \beta, w_0, \Omega) = \tilde{B}_1(\alpha, \beta, w_0, \Omega) + \tilde{B}_2(\alpha, \beta, w_0, \Omega),$$

$$\tilde{B}_1(\alpha, \beta, w_0, \Omega) = \frac{2\lambda}{\lambda^2 + \Omega^2} \left(-\alpha + \frac{\alpha}{1 + \alpha - \beta} \right) (\lambda \cos(\Omega T_1) - \Omega \sin(\Omega T_1)),$$

$$\tilde{B}_2(\alpha, \beta, w_0, \Omega) = \frac{\alpha w_0}{\sqrt{1 + \alpha - \beta}} \left[\frac{1}{w_0 + \Omega} \sin((w_0 + \Omega) T_1) + \frac{1}{w_0 - \Omega} \sin((w_0 - \Omega) T_1) \right].$$

由根据定理 6.3 可知, 当 $\mu / f_0 < \tilde{k}(\alpha, \beta, w_0, \Omega)$ 时, 上述 Melnikov 函数 $M(\theta_0)$ 有一个简单零点. 而且当 $\mu / f_0 = \tilde{k}(\alpha, \beta, w_0, \Omega)$ 时, 则该 Melnikov 函数 $M(\theta_0)$ 有二次零点, 会发生二次异宿相切. 这里

$$\tilde{k}(\alpha, \beta, w_0, \Omega) = \frac{|\tilde{B}(\alpha, \beta, w_0, \Omega)|}{2\tilde{A}(\alpha, \beta, w_0)}. \tag{6.75}$$

6.3.6 数值模拟二

首先, 我们取 $\omega_0 = 1$ 和弱阻尼系数 $\mu = 0.01$, 并通过数值模拟来找到不同情形下系统 (6.69) 的混沌阈值曲线.

当取定 $\alpha = 0.1$ 且参数 β 取不同值 $\beta = 0.3$, $\beta = 0.6$ 和 $\beta = 0.9$ 时, 依据发展的平面非光滑混合系统 Melnikov 函数分别可以找到系统 (6.69) 的混沌阈值曲线, 如图 6.15(a) 所示. 类似地, 当取定 $\beta = 0.8$ 且参数 α 取不同值 $\alpha = 0$, $\alpha = 0.3$ 和 $\alpha = 0.6$ 时, 我们依据相应的 Melnikov 函数分别可以找到系统 (6.69) 的混沌阈值曲线, 如图 6.15(b) 所示. 在图 6.15(a) 和图 6.15(b) 中, 当系统参数取值在每个 f_0-Ω 阈值曲线的上部分区域时, 系统的稳定流形和不稳定流形横截相交, 将会发生混沌运动.

取外部激励的频率 $\Omega = 1.06$, 并通过数值模拟来研究系统 (6.69) 的全局分岔和混沌动力学. 在这一部分, 我们把系统 (6.69) 中的参数 β 和外部激励的幅值 f_0 作为控制参数得到的分岔图和混沌吸引子, 研究弱耗散存在的情形下外部激励的振幅 f_0 和参数 β 对系统 (6.69) 动力学的影响.

在系统 (6.69) 中, 分别对十个同的外部激励振幅 f_0 和参数 β 所对应的速度 y 取样, 得到了系统 (6.69) 的分岔图, 如图 6.16 所示. 从这两个分岔图中, 我们能够看到多周期窗口和混沌区域. 在分岔图 6.16(a) 中令 $\beta = 0.3$, 在分岔图 6.16(b) 中, 通过缩小参数 β 从 $\beta = 1$ 到 $\beta = 0.1$, 研究了在外激励幅值 $f_0 = 0.3$ 固定的情况下, 系统 (6.69) 动力学的变化.

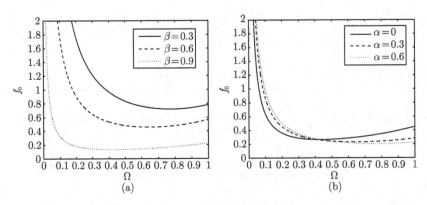

图 6.15　系统 (6.69) 的 f_0-Ω 混沌阈值曲线: (a)α=0.1; (b) β=0.8

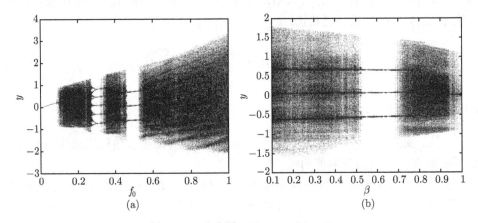

图 6.16　分岔图: (a) y-f_0; (b) y-β

如图 6.17(a) 和图 6.17(b) 所示, 给出了参数 $\beta = 0.3$ 且外部激励的幅值分别取 $f_0 = 0.8$ 和 $f_0 = 0.2$ 时, 系统 (6.69) 典型的混沌吸引子.

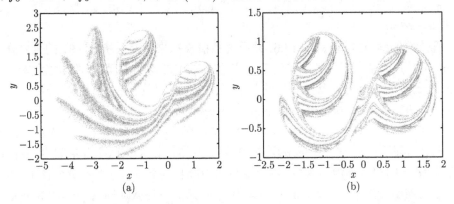

图 6.17　系统 (6.54) 的混沌吸引子: (a) $f_0 = 0.8$, $\beta = 0.3$; (b) $f_0 = 0.2$, $\beta = 0.3$

如图 6.18(a) 和图 6.18(b) 所示, 给出了参数 $\beta = 0.101$ 且外部激励的幅值分别为 $f_0 = 0.8$ 和 $f_0 = 0.2$ 时, 系统 (6.69) 典型的混沌吸引子.

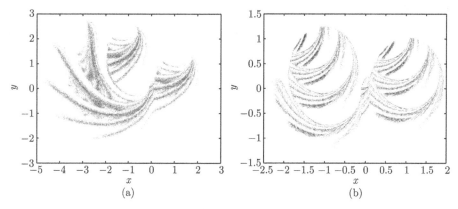

图 6.18　系统 (6.69) 的混沌吸引子: (a)$f_0 = 0.8$, $\beta = 0.101$; (b)$f_0 = 0.2$, $\beta = 0.101$

6.4　本章小结

在本章中, 我们考虑了一类具有两个切换流形的平面非自治非光滑混合系统. 假设平面被两个直线的切换流形分成三个区域, 其中每一个区域里的动力学行为被一个光滑系统控制, 且当系统的轨道到达切换流形上的瞬时会在一个映射作用下发生跳跃. 同时, 我们假设未扰动系统是一个分段连续 Hamilton 系统, 且有一对横截穿过两个切换流形的异宿轨道. 我们利用和第 3 章、第 5 章相同的思路, 引入转移矩阵, 找到轨道在切换流形两侧的联系, 利用 Hamilton 函数去度量系统在扰动后的稳定流形和不稳定流形之间的距离, 首次得到平面不连续混合系统的 Melnikov 函数, 且该函数形式简单, 易于工程应用. 如果假设系统是含有参数 $\mu \in \mathbb{R}^k (k \geqslant 1)$ 的扰动项 $g = g(x, y, t; \mu)$, 我们可以进一步得到这类周期扰动的平面混合分段光滑系统的异宿分岔定理. 最后, 我们通过两个实例进一步验证了本书发展的 Melnikov 方法是研究周期扰动的平面混合分段光滑系统的同宿分岔、异宿分岔和混沌动力学有效的解析方法.

在 Granados 等 (2012) 的文章中, Granados 等研究了一类两区域的且带有 Hamilton 扰动项的分段光滑系统, 本章也可以看作对 Granados 等结果的一个推广. 但是, 在本章中, 我们考虑的位于切换流形上的碰撞映射比 Granados 等的文章中的映射更一般化, 而且我们获得不连续系统的 Melnikov 方法和 Granados 等的摄动方法是不相同的. 当假设未扰动的异宿轨道横截穿过切换流形时, 我们在本章中得到的结果适用于任意形式的 Hamilton 未扰动系统. 当然如果采用 Granados 等的思路, 可以避免对未扰动系统的同宿或异宿解在切换流形附近延拓, 但不能给出扰动系统的稳定流形和不稳定流形的解析表达式. 具体的推导过程见我们最近的一个关于具有双边弹性碰撞的双稳态振子全局动力学的研究工作 (Li et al., 2021).

第 7 章 平面双边刚性约束非线性碰撞系统全局动力学的 Melnikov 方法

对于具有双边刚性约束的系统, Du 和 Zhang 基于倒立摆与刚性墙面碰撞的模型, 给出了研究一类非线性碰撞振子同宿分岔的 Melnikov 方法 (Du and Zhang, 2005). 随后, Xu 等在相同的倒立摆模型中选取不同的初始 Poincaré 截面, 利用 Hamilton 函数计算稳定与不稳定流形之间的距离, 重新推导了 Melnikov 函数 (Xu et al., 2009). 由于非线性系统中扰动的稳定流形和不稳定流形的解析表达式很难求出, 只能通过未扰系统的同宿轨道进行近似, 使得轨道到达碰撞界面的时间难以确定, 所以 Du 和 Zhang(2005) 在右边刚性墙面附近采用了一种光滑延拓的方法推导出了高阶 Melnikov 函数, 并给出了严格的数学证明.

在本章中, 我们将借鉴 Granados 等 (2012) 中的方法来避免解的延拓, 推导出了具有简单形式的非光滑碰撞系统的一阶 Melnikov 函数, 同时通过严格的摄动分析推导出了时间趋于无穷时轨道的 Hamilton 能量差. 基于 Cao 等 (2006) 提出的 SD 振子设计了一类新的具有双边刚性约束的双稳态碰撞振子, 通过数值分析和实验验证了本章发展的 Melnikov 方法分析这类碰撞振子的全局分岔和混沌动力学是有效的.

7.1 Melnikov 方法的理论框架

7.1.1 问题的描述

考虑一类具有双边刚性约束的平面非线性碰撞系统:

$$\begin{cases} \dot{q} = JDH(q) + \varepsilon g(q,\tau), & |x| < a, \\ y \mapsto -(1-\varepsilon\rho)y, & |x| = a, \end{cases} \tag{7.1}$$

式中 $q = (x,y)^{\mathrm{T}}$, J 是一个第 3 章定义的辛矩阵. $g(q,\tau)$ 是一个光滑函数, 且关于 τ 的周期是 $\hat{T}$, 即 $g(q,\tau+\hat{T}) = g(q,\tau)$. H 为系统的 Hamilton 函数, 表达式为

$$H(x,y) = \frac{1}{2}y^2 + V(x),$$

其中 $V(x) \in C^\infty(\mathbb{R})$ 满足 $V'(0) = V'(\pm a) = 0, V''(0) < 0, V''(\pm a) > 0$.

7.1.2　未扰系统的几何结构

令 $\varepsilon = 0$, 则系统 (7.1) 对应的未扰系统为

$$\begin{cases} \dot{q} = JDH(q), & |x| < a, \\ y \mapsto -y, & |x| = a. \end{cases} \tag{7.2}$$

系统 (7.2) 的几何结构如图 7.1 所示, 此 Hamilton 系统具有两个中心 $(\pm a, 0)$ 和一个鞍点 $(0,0)$, 一对同宿轨道连接鞍点到自身, 轨道上的箭头代表流的方向.

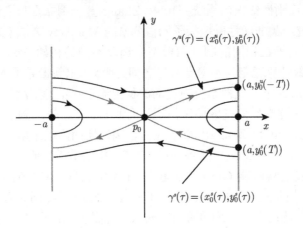

图 7.1　未扰系统的几何相图

由于此未扰系统满足对称性, 即 $y_0^u(-T) = y_0^s(T)$, 所以仅考虑 y 轴右侧的同宿轨道, 设其表达式为

$$\gamma(\tau) = \begin{cases} \gamma^u(\tau) = \left(x_0^u(\tau), y_0^u(\tau)\right), & \tau \in (-\infty, -T], \\ \gamma^s(\tau) = \left(x_0^s(\tau), y_0^s(\tau)\right), & \tau \in [T, \infty). \end{cases} \tag{7.3}$$

7.1.3　Poincaré 截面及扰动系统动力学

当存在小扰动时, 系统 (7.2) 对应的扭扩系统为

$$\begin{cases} \dot{\tau} = 1, \\ \dot{q} = JDH(q) + \varepsilon g(q, \tau), & |x| < a, \\ y \mapsto -(1 - \varepsilon \rho)y, & |x| = a. \end{cases} \tag{7.4}$$

对于任意 $\tau_0 \in \mathbb{S}^1 \cong [0, \hat{T}]$, 对系统 (7.4) 取全局横截 $\Sigma^{\tau_0} = \{(x, y, \tau) | \tau = \tau_0\}$. 定义 Poincaré 映射 $P_\varepsilon^{\tau_0} : \Sigma^{\tau_0} \mapsto \Sigma^{\tau_0}$, 并取切换流形如下:

$$\begin{aligned} \Sigma_a^+ &= \{(x, y) | x = a, y > 0\}, \\ \Sigma_a^- &= \{(x, y) | x = a, y < 0\}. \end{aligned} \tag{7.5}$$

基于 (Guckenheimer and Holmes, 1983) 中给出的定理, $p_\varepsilon(\tau_0) = p_0 + O(\varepsilon)$ 是由 Poincaré 映射 $P_\varepsilon^{\tau_0}$ 定义的系统 (7.4) 在截面 Σ^{τ_0} 上的双曲不动点. 取图 7.2 中的 A, B 两点分别作为系统的不稳定流形和稳定流形在 Σ^{τ_0} 上的初始条件, 且把 $p_\varepsilon(\tau_0)$ 的一维稳定流形 $W^s(p_\varepsilon(\tau_0))$ 和不稳定流形 $W^u(p_\varepsilon(\tau_0))$ 分别记作

$$q_\varepsilon^s(\tau, \tau_0) = (x_\varepsilon^s(\tau, \tau_0), y_\varepsilon^s(\tau, \tau_0)),$$
$$q_\varepsilon^u(\tau, \tau_0) = (x_\varepsilon^u(\tau, \tau_0), y_\varepsilon^u(\tau, \tau_0)),$$

两者与切换流形横截相交于点 $q_\varepsilon^s(\tau_0) \triangleq q_\varepsilon^s(\tau_0, \tau_0) \in \Sigma_a^-$ 和 $q_\varepsilon^u(\tau_0) \triangleq q_\varepsilon^u(\tau_0, \tau_0) \in \Sigma_a^+$. 分别在图 7.2 中标记为 C 和 A. B 点定义为 $\left(a, -\dfrac{1}{1-\varepsilon\rho}y_\varepsilon^s(\tau_0)\right)$.

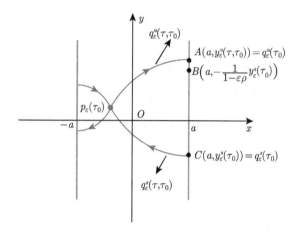

图 7.2 扰动系统在 Σ^{τ_0} 上的稳定流形和不稳定流形

注意到当 $\varepsilon \to 0$ 时, 有

$$q_\varepsilon^u(\tau, \tau_0) \longrightarrow \left(x_0^u(\tau - \tau_0 - T), y_0^u(\tau - \tau_0 - T)\right), \quad \tau \leqslant \tau_0,$$
$$q_\varepsilon^s(\tau, \tau_0) \longrightarrow \left(x_0^s(\tau - \tau_0 + T), y_0^s(\tau - \tau_0 + T)\right), \quad \tau \geqslant \tau_0.$$

7.1.4 双边刚性约束非线性碰撞系统的 Melnikov 方法

图 7.2 中点 A 和点 B 之间的距离可由两点间的 Hamilton 能量差计算如下

$$H\left(q_\varepsilon^u(\tau_0)\right) - H\left(a, -\frac{1}{c\rho}y_\varepsilon^s(\tau_0)\right)$$
$$= H\left(q_\varepsilon^u(\tau_0)\right) - H\left(p_\varepsilon(\tau_0)\right) + H\left(p_\varepsilon(\tau_0)\right)$$
$$- H\left(q_\varepsilon^s(\tau_0)\right) + H\left(q_\varepsilon^s(\tau_0)\right) - H\left(a, -\frac{1}{1-\varepsilon\rho}y_\varepsilon^s(\tau_0)\right). \tag{7.6}$$

为便于计算 (7.6) 式, 给出下述定理.

定理 7.1　设 $q_\varepsilon^u(\tau_0) := (a, y_\varepsilon^u(\tau_0)) \in \Sigma_a^+$ 和 $q_\varepsilon^s(\tau_0) := (a, y_\varepsilon^s(\tau_0)) \in \Sigma_a^-$ 为上述定义的点, 则下列方程成立:

$$H(q_\varepsilon^u(\tau_0)) - H(p_\varepsilon(\tau_0))$$

$$= \varepsilon \int_{-\infty}^{-T} JDH(\gamma^u(v)) \wedge g(\gamma^u(v), v + \tau_0 + T)dv + O(\varepsilon^2); \tag{7.7}$$

$$H(p_\varepsilon(\tau_0)) - H(q_\varepsilon^s(\tau_0))$$

$$= \varepsilon \int_{T}^{+\infty} JDH(\gamma^s(v)) \wedge g(\gamma^s(v), v + \tau_0 - T)dv + O(\varepsilon^2),$$

式中 "$\wedge$" 表示两向量的外积.

证明: $H(q_\varepsilon^u(\tau_0)) - H(p_\varepsilon(\tau_0))$ 等价于

$$H(q_\varepsilon^u(\tau_0, \tau_0)) - H(\phi(\tau_0; \tau_0, p_\varepsilon(\tau_0), \varepsilon)),$$

其中 $\phi(\tau; \tau_0, p_\varepsilon(\tau_0), \varepsilon)$ 表示在 τ_0 时刻通过 $p_\varepsilon(\tau_0)$ 的周期轨道. 定义函数

$$\Psi(\tau) = H(q_\varepsilon^u(\tau, \tau_0)) - H(\phi(\tau; \tau_0, p_\varepsilon(\tau_0), \varepsilon)), \tag{7.8}$$

则可得

$$\Psi(\tau_0)$$

$$= \Psi(T^u) + \int_{T^u}^{\tau_0} \frac{d\Psi(\tau)}{d\tau}d\tau$$

$$= \Psi(T^u) + \varepsilon \int_{T^u}^{\tau_0} \left[(DH \cdot g)(q_\varepsilon^u(\tau, \tau_0), \tau) - (DH \cdot g)(\phi(\tau; \tau_0, p_\varepsilon(\tau_0), \varepsilon), \tau) \right]d\tau. \tag{7.9}$$

由于存在正数 C, λ 和 S_0 使得

$$\left| q_\varepsilon^u(\tau, \tau_0) - \phi(\tau; \tau_0, p_\varepsilon(\tau_0), \varepsilon) \right| < Ce^{\lambda\tau}, \quad \forall \tau < -S_0, \tag{7.10}$$

所以

$$\lim_{T^u \to -\infty} \Psi(T^u) = 0, \tag{7.11}$$

且式 (7.9) 中的积分收敛.

分别将 $(DH \cdot g)(q_\varepsilon^u(\tau, \tau_0), \tau)$ 和 $(DH \cdot g)(\phi(\tau; \tau_0, p_\varepsilon(\tau_0), \varepsilon), \tau)$ 在 $\varepsilon = 0$ 处展开, 可得如下结果:

$$DH(q_\varepsilon^u(\tau, \tau_0)) \cdot g(q_\varepsilon^u(\tau, \tau_0), \tau)$$

$$= DH\big(\gamma^u(\tau - \tau_0 - T)\big) \cdot g\big(\gamma^u(\tau - \tau_0 - T), \tau\big) + O(\varepsilon), \tag{7.12}$$

$$DH\big(\phi(\tau; \tau_0, p_\varepsilon(\tau_0), \varepsilon)\big) \cdot g\big(\phi(\tau; \tau_0, p_\varepsilon(\tau_0), \varepsilon), \tau\big)$$
$$= \underbrace{DH(p_0) \cdot g(p_0, \tau)}_{=0} + O(\varepsilon) \quad (p_0 \text{ 是不动点})$$
$$= O(\varepsilon). \tag{7.13}$$

因此

$$\Psi(\tau_0) = \varepsilon \int_{-\infty}^{\tau_0} \Big[(DH \cdot g)\big(q_\varepsilon^u(\tau, \tau_0), \tau\big) - (DH \cdot g)\big(\phi(\tau; \tau_0, p_\varepsilon(\tau_0), \varepsilon), \tau\big) \Big] d\tau$$

$$= \varepsilon \int_{-\infty}^{\tau_0} DH\big(\gamma^u(\tau - \tau_0 - T)\big) \cdot g\big(\gamma^u(\tau - \tau_0 - T), \tau\big) d\tau + O(\varepsilon^2),$$

即

$$H\big(q_\varepsilon^u(\tau_0)\big) - H\big(p_\varepsilon(\tau_0)\big)$$

$$= \varepsilon \int_{-\infty}^{\tau_0} DH\big(\gamma^u(\tau - \tau_0 - T)\big) \cdot g\big(\gamma^u(\tau - \tau_0 - T), \tau\big) d\tau + O(\varepsilon^2). \tag{7.14}$$

通过变量代换 $s = \tau - \tau_0 - T$, 上式可化为

$$H\big(q_\varepsilon^u(\tau_0)\big) - H\big(p_\varepsilon(\tau_0)\big)$$

$$= \varepsilon \int_{-\infty}^{-T} DH\big(\gamma^u(s)\big) \cdot g\big(\gamma^u(s), s + \tau_0 + T\big) ds + O(\varepsilon^2)$$

$$= \varepsilon \int_{-\infty}^{-T} JDH\big(\gamma^u(s)\big) \wedge g\big(\gamma^u(s), s + \tau_0 + T\big) ds + O(\varepsilon^2). \tag{7.15}$$

同理可得

$$H\big(p_\varepsilon(\tau_0)\big) - H\big(q_\varepsilon^s(\tau_0)\big)$$

$$= \varepsilon \int_{T}^{+\infty} DH\big(\gamma^s(s)\big) \cdot g\big(\gamma^s(s), s + \tau_0 - T\big) ds + O(\varepsilon^2)$$

$$= \varepsilon \int_{T}^{+\infty} JDH\big(\gamma^s(s)\big) \wedge g\big(\gamma^s(s), s + \tau_0 - T\big) ds + O(\varepsilon^2). \tag{7.16}$$

定理 7.2 在上述扰动系统中, $q_\varepsilon^s(\tau_0)$ 和 $\left(a, -\dfrac{1}{1-\varepsilon\rho}y_\varepsilon^s(\tau_0)\right)$ 之间的 Hamilton 能量差为

$$H\big(q_\varepsilon^s(\tau_0)\big) - H\left(a, -\frac{1}{1-\varepsilon\rho}y_\varepsilon^s(\tau_0)\right) = -2\varepsilon\rho\big[V(0)-V(a)\big] + O(\varepsilon^2). \quad (7.17)$$

证明:

$$H\big(q_\varepsilon^s(\tau_0)\big) - H\left(a, -\frac{1}{1-\varepsilon\rho}y_\varepsilon^s(\tau_0)\right)$$

$$= H(a, y_\varepsilon^s(\tau_0)) - H\left(a, -\frac{1}{1-\varepsilon\rho}y_\varepsilon^s(\tau_0)\right)$$

$$= \frac{1}{2}\big(y_\varepsilon^s(\tau_0)\big)^2 - \frac{1}{2}\left[\frac{1}{1-\varepsilon\rho}y_\varepsilon^s(\tau_0)\right]^2$$

$$= \frac{1}{2}\big(y_\varepsilon^s(\tau_0)\big)^2 - \frac{1}{2}\big[\big(1+\varepsilon\rho+O(\varepsilon^2)\big)\cdot y_\varepsilon^s(\tau_0)\big]^2$$

$$= \frac{1}{2}\big(y_\varepsilon^s(\tau_0)\big)^2 - \frac{1}{2}\big[y_\varepsilon^s(\tau_0)\big]^2 \cdot \big[1+2\varepsilon\rho+O(\varepsilon^2)\big]$$

$$= -\varepsilon\rho\big[y_\varepsilon^s(\tau_0)\big]^2 + O(\varepsilon^2)$$

$$= -\varepsilon\rho\big[y_0^s(T)\big]^2 + O(\varepsilon^2)$$

$$= -2\varepsilon\rho\big[V(0)-V(a)\big] + O(\varepsilon^2). \quad (7.18)$$

基于定理 7.1 和定理 7.2, 可给出下述定义和定理.

定义 7.1 系统 (7.4) 的一阶 Melnikov 函数为

$$M(\tau_0) = \int_{-\infty}^{-T}\big[JDH\big(\gamma^u(s)\big) \wedge g\big(\gamma^u(s), s+\tau_0+T\big)\big]ds$$

$$+ \int_{T}^{+\infty}\big[JDH\big(\gamma^s(s)\big) \wedge g\big(\gamma^s(s), s+\tau_0-T\big)\big]ds$$

$$- 2\rho\big[V(0)-V(a)\big], \quad (7.19)$$

其中 $-2\rho\big[V(0)-V(a)\big]$ 表示碰撞过程中的能量损失.

定理 7.3 设存在 $\tau_0 \in [0,\hat{T}]$ 使得 $M(\tau_0)$ 有简单零点, 即 $M(\tau_0)=0$ 且 $\dfrac{dM(\tau_0)}{d\tau_0} \neq 0$, 则 $p_\varepsilon(\tau_0)$ 的稳定流形和不稳定流形将横截相交, 系统将发生 Smale 马蹄意义下的混沌.

7.2 一类具有双边刚性约束特性的非线性碰撞振子

7.2.1 非线性碰撞振子的动力学模型

在本节, 我们将运用 7.1 节的理论来分析一类具有双边刚性约束的碰撞振子. 振子的力学模型如图 7.3 所示, 质量为 m 的振子可以在水平面内直线滑动, 振子两侧分别连接一根刚度为 k 的线性弹簧, 弹簧另一端与固定的刚性框架相连接. 当振子位于坐标原点时, 弹簧被压缩到最短长度 l, 当振子与刚性框架接触时, 弹簧恰好恢复原长 L. 振子上作用有与运动方向共线的外激励 $f\cos(\omega t)$, 假设振子滑动时受到线性阻尼, 阻尼系数为 c.

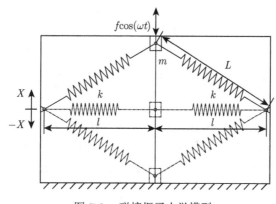

图 7.3 碰撞振子力学模型

根据牛顿第二定律, 建立上述振子的动力学模型如下

$$
\begin{cases}
m\ddot{X} + 2kX\left(1 - \dfrac{L}{\sqrt{X^2 + l^2}}\right) + \varepsilon c\dot{X} = \varepsilon f\cos(\omega t), & |X| < \sqrt{L^2 - l^2}, \\
\dot{X} \mapsto -(1 - \varepsilon\rho)\dot{X}, & |X| = \sqrt{L^2 - l^2},
\end{cases}
\tag{7.20}
$$

式中 X 为振子运动的绝对位移, f 和 ω 分别代表外激励的幅值和频率, $\varepsilon(0 < \varepsilon \ll 1)$ 是扰动参数, $\varepsilon\rho \in [0,1)$ 表示碰撞过程中的能量损失系数.

经过无量纲变换 $x = \dfrac{X}{L}$ 和 $\tau = \sqrt{\dfrac{k}{m}}t$, 得到关于 τ 的无量纲形式的微分方程如下

$$
\begin{cases}
\ddot{x} + 2x\left(1 - \dfrac{1}{\sqrt{x^2 + \beta^2}}\right) + \varepsilon\delta\dot{x} = \varepsilon F\cos(\Omega\tau), & |x| < a, \\
\dot{x} \mapsto -(1 - \varepsilon\rho)\dot{x}, & |x| = a,
\end{cases}
\tag{7.21}
$$

式中 $\beta = \dfrac{l}{L}$, $\delta = \dfrac{c}{\sqrt{km}}$, $F = \dfrac{f}{kL}$, $\Omega = \sqrt{\dfrac{m}{k}}\,\omega$, $a = \sqrt{1 - \beta^2}$. $\beta \in (0, 1]$ 是弹簧长度与原长的比值, δ 是无量纲的阻尼系数, F 和 Ω 分别代表无量纲的外激励幅值和频率.

对于未扰系统 (即 $\varepsilon = 0$), 系统 (7.21) 等价于

$$
\begin{cases}
\dot{x} = y, \\
\dot{y} = -2x\left(1 - \dfrac{1}{\sqrt{x^2 + \beta^2}}\right), & |x| < a, \\
y \mapsto -y, & |x| = a.
\end{cases}
\tag{7.22}
$$

容易看出系统 (7.22) 是一个 Hamilton 系统, 具有一个鞍点 $(0, 0)$ 和两个中心 $(\pm a, 0)$, 此系统的 Hamilton 方程为

$$
H(x, y) = \frac{1}{2}y^2 + x^2 - 2\sqrt{x^2 + \beta^2} + 2\beta.
\tag{7.23}
$$

取 $\beta=0.9$, 通过令 $H(x, y)$ 分别取 $-0.008, -0.005, 0, 0.005$ 和 0.01, 可以得到对应的系统 (7.22) 的相轨道如图 7.4 所示. 穿过 $(0, 0)$ 的蓝色线条代表一对同宿轨道, 黑色线条代表周期轨道, 图中同一条轨道上的点代表系统具有相同的能量.

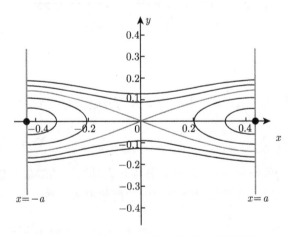

图 7.4   系统 (7.22) 的相图 (文后附彩图)

7.2.2   非线性碰撞振子的 Melnikov 分析

对于前述系统, 即

$$
\begin{cases}
\dot{x} = y, \\
\dot{y} = -2x\left(1 - \dfrac{1}{\sqrt{x^2 + \beta^2}}\right) + \varepsilon\big(-\delta y + F\cos(\Omega\tau)\big),
\end{cases}
\quad |x| < a, \quad (7.24)
$$

将式 (7.19) 应用到系统 (7.24), 可得此系统的一阶 Melnikov 函数为

$$
M(\tau_0) = -2\rho\big[V(0) - V(a)\big] - \delta I_1 + I_3 F\sin(\Omega\tau_0), \quad (7.25)
$$

式中

$$
I_1 = 2\int_0^a \sqrt{-2x^2 + 4\sqrt{x^2 + \beta^2} - 4\beta}\,dx,
$$

$$
I_3 = 2\cos(2\Omega T)\int_0^a \sin\left(\Omega\int_a^x \frac{1}{\sqrt{-2s^2 + 4\sqrt{s^2 + \beta^2} - 4\beta}}\,ds\right)dx,
$$

详细计算过程请参考附录 B.

基于定理 7.3, 为使 Melnikov 函数 $M(\tau_0)$ 有简单零点, 即满足 $M(\tau_0) = 0$ 和 $M'(\tau_0) \neq 0$, 只需要

$$
|\sin(\Omega\tau_0)| = \left|\frac{2\rho\big[V(0) - V(a)\big] + \delta I_1}{I_3 F}\right| < 1,
$$

即

$$
F > \left|\frac{2\rho\big[V(0) - V(a)\big] + \delta I_1}{I_3}\right|. \quad (7.26)
$$

所以当 F 和 Ω 满足式 (7.26) 时, 稳定流形和不稳定流形发生横截相交, 系统 (7.24) 将出现 Smale 马蹄意义下的混沌.

7.2.3 全局分岔和混沌动力学的数值模拟

令 $\beta = 0.9$, 且 T 的计算式为

$$
T = \int_a^{x_0} \frac{1}{\sqrt{-2x^2 + 4\sqrt{x^2 + \beta^2} - 4\beta}}\,dx.
$$

由于同宿轨道的解析表达式难以求解, 对于这类碰撞振子, 运用数值积分的方法来计算其 Melnikov 函数, 进而得到全局分岔和混沌的参数阈值. 系统关于外激励幅值和频率的阈值曲线分别如图 7.5(a) 和图 7.5(b) 所示.

在图 7.5 中, 如果 (Ω, F) 位于某一条曲线上方, 即满足式 (7.26), 则对应的一阶 Melnikov 函数 $M(\tau_0)$ 具有简单零点 τ_0, 系统 (7.24) 将发生同宿混沌.

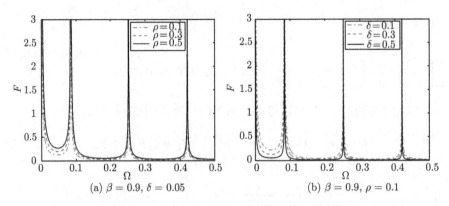

(a) $\beta = 0.9, \delta = 0.05$　　　　　　(b) $\beta = 0.9, \rho = 0.1$

图 7.5　系统 (7.24) 在不同参数下的混沌阈值

我们在 $\rho = 0.1$ 且 $\delta = 0.05$ 的曲线上下各取一点来验证阈值的正确性. 在曲线下方取点 $(0.08, 0.2)$, 对应的相图和时间历程图如图 7.6 所示, 可以看出系统呈

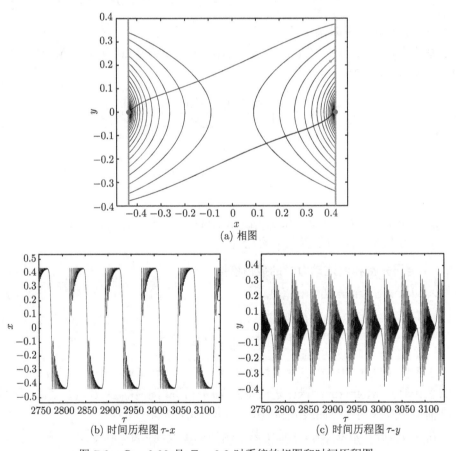

(a) 相图

(b) 时间历程图 τ-x　　　　　　(c) 时间历程图 τ-y

图 7.6　$\Omega = 0.08$ 且 $F = 0.2$ 时系统的相图和时间历程图

现出一种阱内周期和跨阱周期复合的周期运动; 在曲线上方取点 $(0.2, 0.2)$, 对应的相图和时间历程图如图 7.7 所示, 此时系统发生了混沌.

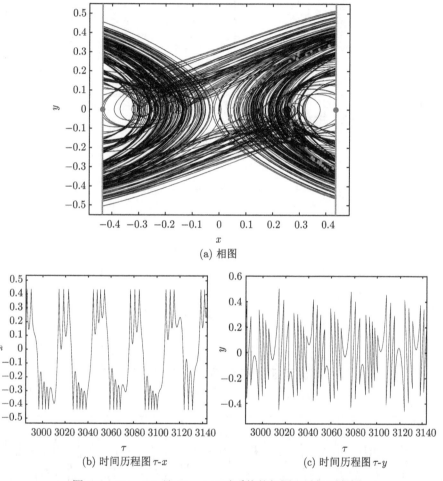

(a) 相图

(b) 时间历程图 τ-x

(c) 时间历程图 τ-y

图 7.7 $\Omega = 0.2$ 且 $F = 0.2$ 时系统的相图和时间历程图

接下来我们固定外激励频率 $\Omega = 0.445$, 通过改变激励幅值 F 得到系统 (7.24) 关于 F 的分岔图像如图 7.8 所示.

从图 7.8 可以看出随着 F 增加, 系统会交替出现混沌和周期运动. 取不同的 F, 对应系统的相图和时间历程图如图 7.9—图 7.12 所示. 振子的动力学随着激励幅值的改变而发生变化, 图 7.9 表示振子呈现一种阱内和阱间相复合的周期振动. 当幅值增加到图 7.10 所示的值时, 振子由周期振动转变为混沌运动. 随着幅值进一步增加, 振子将出现图 7.11 和图 7.12 所示的两种不同类型的周期振动.

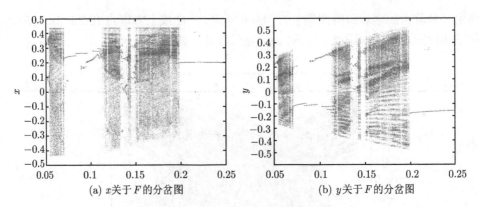

(a) x 关于 F 的分岔图 　　　　　(b) y 关于 F 的分岔图

图 7.8　系统分岔图

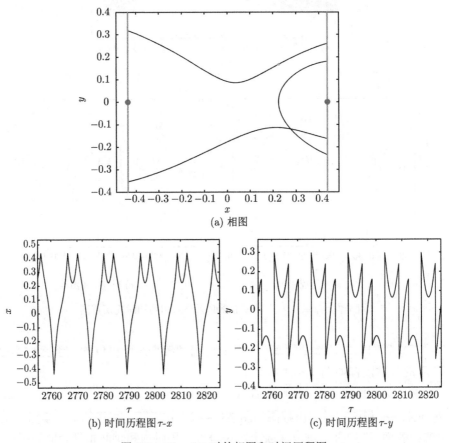

(a) 相图

(b) 时间历程图 τ-x 　　　　　(c) 时间历程图 τ-y

图 7.9　$F = 0.1$ 时的相图和时间历程图

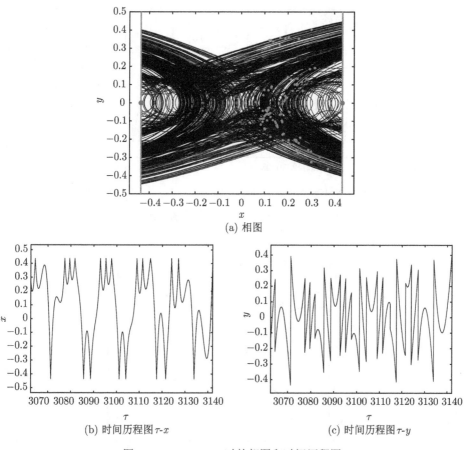

(a) 相图

(b) 时间历程图 τ-x

(c) 时间历程图 τ-y

图 7.10 $F = 0.12$ 时的相图和时间历程图

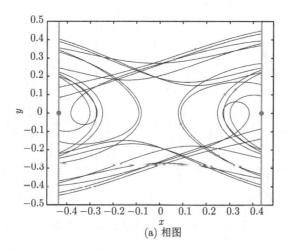

(a) 相图

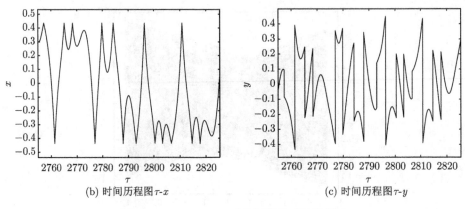

(b) 时间历程图 τ-x　　　　　　　　　(c) 时间历程图 τ-y

图 7.11　$F = 0.135$ 时的相图和时间历程图

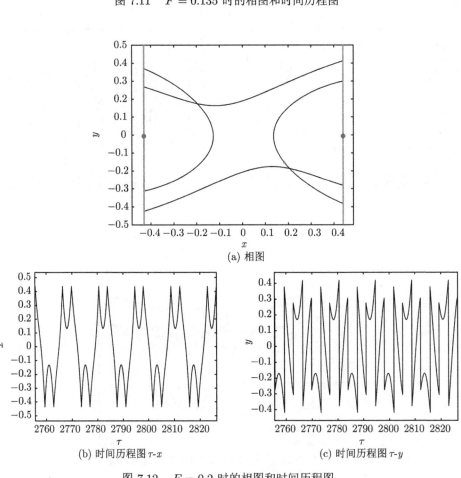

(a) 相图

(b) 时间历程图 τ-x　　　　　　　　　(c) 时间历程图 τ-y

图 7.12　$F = 0.2$ 时的相图和时间历程图

7.2.4　实验验证

在这一节, 我们设计实验来验证前述的理论分析结果. 实验装置如图 7.13 所示, 图中振子两侧的挡板用于施加刚性约束, 整个装置固定于一个振动台上, 实验参数如表 7.1 所示, 振子的位移信号由激光位移计采集.

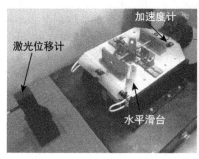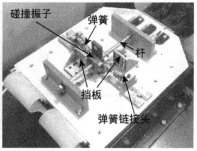

图 7.13　实验装置

表 **7.1**　**实验参数**

m	k	L	l	c
0.45 kg	200 N/m	0.09 m	0.088 m	0.05 (N·s)/m

振子在不同幅值的周期激励下的动力学响应如图 7.14—图 7.17 所示. 在图 7.14 所处的实验参数下, 振子做阱内的周期振动, 适当地增加幅值, 从图 7.14 到图 7.15 的变化表明振子由阱内振动转换为跨阱的混沌运动. 随着幅值增加到图 7.16 对应的值, 振子由混沌运动变为一种兼具阱内和跨阱的周期振动, 而且振子可能出现图 7.17 所示的跨阱周期运动.

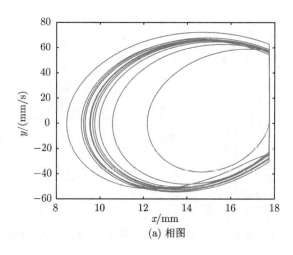

(a) 相图

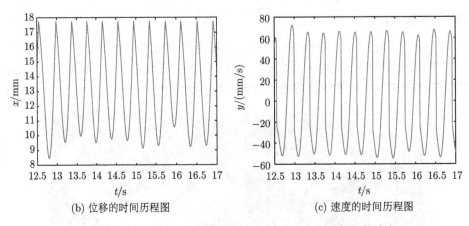

(b) 位移的时间历程图　　　　　　　　　　(c) 速度的时间历程图

图 7.14　激励频率和位移分别为 14Hz 和 5mm 时振子的响应

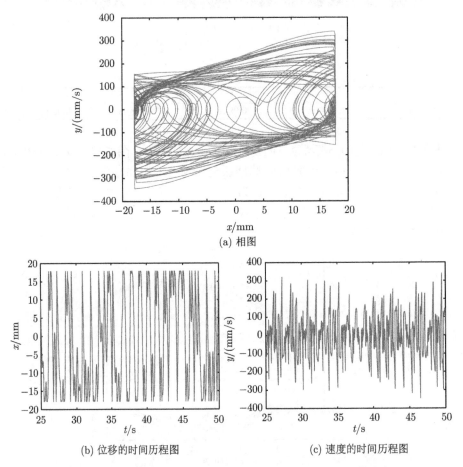

(a) 相图

(b) 位移的时间历程图　　　　　　　　　　(c) 速度的时间历程图

图 7.15　激励频率和位移分别为 14Hz 和 8mm 时振子的响应

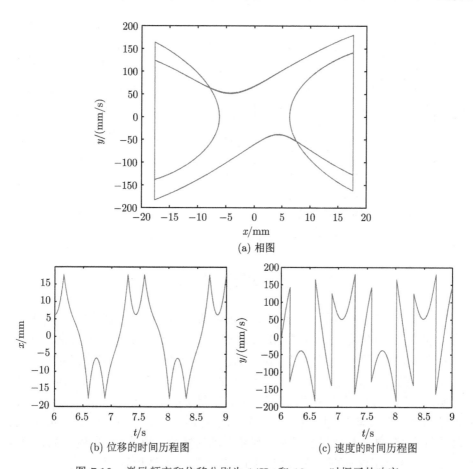

(a) 相图

(b) 位移的时间历程图　　　　　　(c) 速度的时间历程图

图 7.16　激励频率和位移分别为 14Hz 和 10mm 时振子的响应

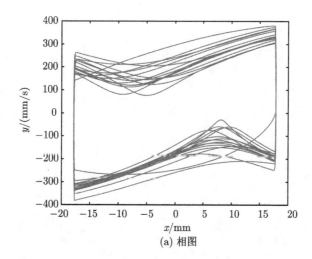

(a) 相图

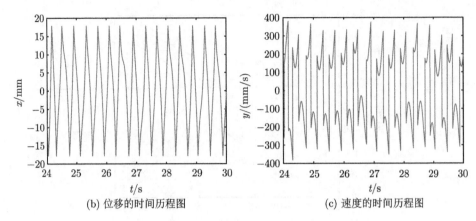

(b) 位移的时间历程图   (c) 速度的时间历程图

图 7.17   激励频率和位移分别为 14Hz 和 10mm 时振子的响应

7.3 本 章 小 结

在本章中, 我们考虑了一类具有双边刚性约束的平面非线性碰撞系统, 通过选取合适的 Poincaré 截面, 将解析 Melnikov 方法推广到一般的碰撞双稳态振子中. 通过将直线切换流形取在刚性约束的位置并定义一个映射表示轨道到达切换流形时的跳跃, 我们经过严格的推导和证明过程得到了以 Hamilton 函数为度量的扰动稳定流形和不稳定流形之间的距离, 从而获得了此系统的 Melnikov 函数. 然后, 我们给出了一个具有双边刚性约束的非线性碰撞振子, 并用推广的 Melnikov 方法对其进行研究, 借助数值积分得到了混沌振动的参数阈值曲线. 最后, 通过数值模拟和实验, 观察了这一振子在周期激励下丰富的动力学行为, 从而进一步验证了本章推广的 Melnikov 方法对于分析此类具有双边刚性约束的平面非线性碰撞系统的有效性.

第 8 章 平面非光滑振子的混沌抑制

在实际应用中, 混沌往往是以一种对人们有益的动力学行为出现的, 然而, 在某些情况下, 混沌现象是对人们有害的, 因此近年来混沌抑制是一个十分重要的课题. 从控制目的来看, 混沌控制可分为混沌控制和混沌产生, 也称为混沌的反控制. 从控制原理上讲, 混沌控制可分为反馈控制和非反馈控制 (Chen and Yu, 2003).

1989 年, Hübler 和 Lüscher 发表了控制混沌的第一篇文章, 研究表明共振激励是使线性振子向给定目标动力学运动的有效途径 (Hübler and Lüscher, 1989). 1990 年, 三名学者 Ott, Grebogi 和 Yorke 提出了一种典型的混沌反馈控制方法, 也称 OGY 方法 (Ott et al., 1990). 许多学者对 OGY 方法进行了许多改进和进一步推广, 具体结果见 (Pyragas, 1995; Yang and Liu, 1998; De Paula and Savi, 2009; Gritli and Belghith, 2017). 反馈控制方法要求对系统变量和扰动反馈变量的实时计算, 在实际研究中往往难以实现. 与此同时, 非反馈控制方法往往可以弥补它们的不足, 如常数激励控制 (Parthasarathy and Sinha, 1995)、脉冲激励控制 (Osipov et al., 1998) 和相对相位次谐扰动控制 (Qu et al., 1995; Meucci et al., 1994, 2016). 1991 年, Braiman 等进一步得出, 附加周期性外部激励是控制混沌的有效方法, 并通过周期驱动摆提供了控制有效性的数值证据 (Braiman and Goldhirsch, 1991).

基于平面光滑非自治系统的经典 Melnikov 方法 (Guckenheimer and Holmes, 1983), 许多学者通过加入控制项来改变系统 Melnikov 函数的零点, 从而实现由系统同宿轨道破裂而产生同宿混沌的控制效果. 1990 年, Lima 和 Pettini 利用 Melnikov 方法验证了 Duffing-Holmes 方程中的共振参数摄动对混沌抑制的有效性 (Lima and Pettini, 1990). 1993 年, Rajasekar 研究了受弱周期扰动的杜芬-范德波振子, 并用 Melnikov 方法研究了控制混沌的参数阈值 (Rajasekar, 1993). 2003 年, Lenci 和 Rega 利用 Melnikov 方法研究了 Duffing 振子避免同宿相切从而抑制混沌动力学的最优策略 (Lenci and Rega, 2003). 2004 年, Leung 和 Liu 利用 Melnikov 方法来研究混沌控制理论, 通过增加几种控制项使新得到的 Melnikov 函数零点消失的混沌控制的方法和准则, 通过 Duffing 方程验证了方法的有效性 (Leung and Liu, 2004). 2005 年, Chacón 在其专著中系统地总结了抑制同宿/异宿混沌的 Melnikov 方法和控制机理 (Chacón, 2005). 2009 年, Yang

和 Jing 考虑了一个参数化的外激励单摆, 利用 Melnikov 方法解析地研究了混沌控制并利用数值模拟进行验证 (Yang and Jing, 2009). 2010 年, Jimenez 等利用 Melnikov 方法研究了一类不连续周期参数扰动的 Duffing 系统的同宿混沌及其抑制 (Triana et al., 2010). 2015 年, Li 等研究了分段光滑振子在小参数扰动下的混沌控制 (Li et al., 2015a). 2018 年, Du 等利用经典 Melnikov 方法研究了一类分数阶 Duffing 振子的混沌抑制 (Du et al., 2018). 近年来, Martínez 等 (2017) 和 Chacón 等 (2019) 通过对 Duffing 振子的 Melnikov 分析, 从实验和理论上探讨了相对相位抑制混沌的问题. 2020 年, Li 等研究了一类平面分段光滑系统的同宿混沌控制方法, 通过对非光滑 Melnikov 函数稍加修改, 使得简单零点消失, 得到混沌控制参数充分条件, 并通过研究具体的分段光滑系统验证结论的有效性 (Li et al., 2020).

8.1 非光滑振子的 Melnikov 方法简介

8.1.1 非光滑振子

在本节中, 我们简单介绍一类无量纲化的非光滑振子及其 Melnikov 方法, 非光滑振子的一般形式表示如下

$$\ddot{x} + f(x) + \varepsilon\delta g(x, \dot{x}) = \varepsilon f \cos(\Omega t), \tag{8.1}$$

其中 $\varepsilon(0 < \varepsilon \ll 1)$ 是一个小参数, $\varepsilon\delta g(x, \dot{x})$ 和 $\varepsilon f \cos(\Omega t)$ 分别表示弱阻尼和外周期激励, $f(x)$ 表示分段定义的回复力可写为如下形式

$$f(x) = \begin{cases} f_+(x), & |x| > a, \\ f_-(x), & |x| < a, \end{cases} \tag{8.2}$$

其中 $a > 0$ 是一个常数, 定义切换流形 $\Sigma_\pm = \{(\pm a, y)|y \in \mathbb{R}\}$.

已知 $f(x)$ 可用于表示实际力学模型中的回复力. 研究上述分段光滑系统有两个原因. 一个原因是许多机械弹性碰撞系统中的弹性回复力通常用分段定义的函数来描述. 例如, 对于在文献 (Shaw and Holmes, 1983) 中研究的单侧弹性碰撞模型, 回复力是分段线性的. 图 8.1 所示的双边弹性碰撞模型由一个质量为 M 的细长质量块、两个刚度为 K_1 的线性弹簧和两个阻尼系数为 C 的线性阻尼器组成. 当系统受到周期性外部激励 $F \cos(\Omega t)$ 时, 质量块 M 向左或向右移动. 当运动距离超过某个值 X_0 时, 刚度为 K_2 的第二弹簧将与质量块 M 碰撞.

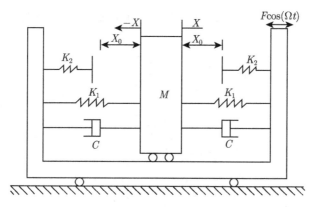

图 8.1   一类弹性碰撞振子

不失一般性, 假设 $X_0 > 0$, 所有弹簧产生由分段线性函数定义的总回复力定义为 $f(X)$, 运动方程可以写成

$$M\ddot{X} + f(X) + 2\varepsilon C\dot{X} = \varepsilon F\cos(\Omega t),\tag{8.3}$$

其中

$$f(X) = \begin{cases} 2K_1 X, & |X| < X_0, \\ 2K_1 X + K_2(X - X_0), & |X| \geqslant X_0. \end{cases}\tag{8.4}$$

考虑一般系统的另一个原因是, 在许多非线性力学模型中, 回复力是用光滑的无理函数或更复杂的函数来描述的. 在大多数情况下, 用解析方法分析其动态特性是困难的 (Lai et al., 2017). 因此, 分段线性逼近常常是解决这类问题的有效途径.

例如图 8.2 所示的力学模型, 需要使用光滑无理函数来描述具有几何非线性的回复力, 其中力学系统的无量纲运动方程为

$$\ddot{x} + \omega^2 x\left(1 - \frac{1}{\sqrt{x^2 + \alpha^2}}\right) + \varepsilon\delta\dot{x} = \varepsilon f\cos(\Omega t),\tag{8.5}$$

其中无理回复力 $f(x)$ 可以写为

$$f(x) = -\omega^2 x\left(1 - \frac{1}{\sqrt{x^2 + \alpha^2}}\right).$$

由于初等函数的局限性, 用解析方法研究上述光滑系统的全局分岔和混沌动力学是非常困难的. 因此, 2007 年, Cao 等 (2008) 提出对回复力线性逼近的方法, 即 $f(x)$ 可线性化为

$$f(x) = \begin{cases} \omega_1^2 x, & |x| \leqslant x_0, \\ -\omega_2^2(x - \text{sign}(x)\omega_2), & |x| > x_0, \end{cases}\tag{8.6}$$

其中 $\alpha \in (0, 1)$, $\omega_1^2 = (1 - \alpha)/\alpha$, $\omega_2^2 = (1 - \alpha^2)$ 且 x_0 为分段线性函数的斜率变化点, 记为

$$x_0 = \frac{\alpha(1 + \alpha)\sqrt{1 - \alpha^2}}{1 + \alpha + \alpha^2}.$$

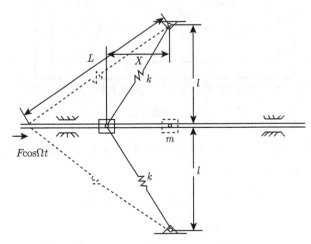

图 8.2　一类具有无理回复力的振子

对理论回复力的理想化分段线性逼近表示如图 8.3 所示, 其中 $\alpha = 0.5$.

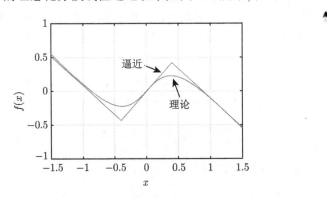

图 8.3　无理回复力的线性逼近图

8.1.2　非光滑振子同宿混沌的 Melnikov 方法

　　本章利用非光滑系统的 Melnikov 函数讨论了一类平面分段光滑系统的混沌抑制准则. 众所周知, Melnikov 方法的主要思想是研究相应的二维 Poincaré 映射的横截同宿点的存在性, 即计算稳定流形与不稳定流形之间的距离. 如果 Melnikov 函数具有一个简单零点, 则稳定流形和不稳定流形将横截相交, 这表明系统

在 Smale 马蹄意义上存在同宿混沌. 类似地, 当考虑添加一些控制方法, 且其他条件不变时, 对应的新 Melnikov 函数的零点消失. 这样, 我们可推测同宿混沌被抑制了.

首先, 我们定义切换流形 $\Sigma_\pm$, 使得状态空间 $\mathbb{R}^2$ 被分为 S_-, S_+, 则有 $\mathbb{R}^2 = S_- \cup S_+ \cup \Sigma_\pm$, 子集 S_-, S_+ 和切换流形 $\Sigma_\pm$ 分别能用公式表述为

$$
\begin{aligned}
S_+ &= \{(x,y) \in \mathbb{R}^2 \mid |x| > a\}, \\
S_- &= \{(x,y) \in \mathbb{R}^2 \mid |x| < a\}, \\
\Sigma_\pm &= \{(x,y) \in \mathbb{R}^2 \mid x = \pm a\}.
\end{aligned}
\tag{8.7}
$$

其切换流形 $\Sigma_\pm$ 的法向量定义为 $\mathbf{n} = \mathbf{n}(x,y) = (1,0)$, $(x,y) \in \Sigma_\pm$.

动力系统 (8.1) 可以等价为如下一阶微分系统

$$
\begin{cases}
\dot{x} = y, \\
\dot{y} = -f_+(x) - \varepsilon\delta g(x,y) + \varepsilon f \cos(\Omega t), & |x| > a, \\
\dot{x} = y, \\
\dot{y} = -f_-(x) - \varepsilon\delta g(x,y) + \varepsilon f \cos(\Omega t), & |x| < a.
\end{cases}
\tag{8.8}
$$

当 $\varepsilon = 0$ 时, 未扰动系统是一个分段 Hamilton 系统可表示如下

$$
\begin{cases}
\dot{x} = y = \partial H_+(x,y)/\partial y, \\
\dot{y} = -f_+(x) = -\partial H_+(x,y)/\partial x, & |x| > a, \\
\dot{x} = y = \partial H_-(x,y)/\partial y, \\
\dot{y} = -f_-(x) = -\partial H_-(x,y)/\partial x, & |x| < a,
\end{cases}
\tag{8.9}
$$

其中分段 Hamilton 函数 $H_\pm(x,y)$ 表示为

$$
\begin{cases}
H_+(x,y) = \dfrac{1}{2}y^2 + \displaystyle\int_0^x f_+(s)ds, & (x,y) \in S_+, \\[2mm]
H_-(x,y) = \dfrac{1}{2}y^2 + \displaystyle\int_0^x f_-(s)ds, & (x,y) \in S_-,
\end{cases}
\tag{8.10}
$$

我们假设 Hamilton 函数 $H_\pm : \mathbb{R}^2 \times \mathbb{R} \to \mathbb{R}$ 是 C^{r+1} 且 $r \geqslant 1$, $\nabla \equiv \left(\dfrac{\partial}{\partial x}, \dfrac{\partial}{\partial y}\right)$ 可以表示为梯度算子, J 是辛矩阵.

为了进一步研究系统的全局动力学行为, 对未扰动系统 (8.9) 给出如下的几何结构假设, 其相图拓扑等价于图 8.4.

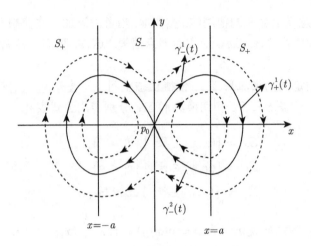

图 8.4　未扰动系统 (8.9) 的相图

假设 8.1　当 $\varepsilon = 0$ 时, 未扰动系统 (8.9) 有一个双曲平衡点 $p_0 \in S_-$ 和一个分段光滑且连续的解 $\gamma(t)$ 同宿于 p_0. 同宿轨道的解析表达式 $\gamma(t)$ 可表示为如下三部分

$$\gamma(t) = \begin{cases} \gamma_-^1(t) = (x_-^1(t), y_-^1(t)), & t \leqslant -T, \\ \gamma_+(t) = (x_+(t), y_+(t)), & -T \leqslant t \leqslant T, \\ \gamma_-^2(t) = (x_-^2(t), y_-^2(t)), & t \geqslant T, \end{cases} \tag{8.11}$$

这里对于 $|t| > T$, $\gamma_-^{1,2}(t) \in S_-$, 对于 $|t| < T$, $\gamma_+(t) \in S_+$, 且满足 $\gamma_-^1(-T) = \gamma_+(-T) \in \Sigma_+$ 和 $\gamma_-^2(T) = \gamma_+(T) \in \Sigma_+$.

当弱阻尼项 $\varepsilon \delta g(x, \dot{x})$ 和外部周期激励项 $\varepsilon f \cos(\Omega t)$ 加入未扰系统时, 同宿轨道破裂. 当扰动系统的稳定流形和不稳定流形横截相交时, 将出现同宿混沌. 因此, 本章将直接应用第 3 章中提出的非光滑系统的 Melnikov 方法讨论同宿混沌的参数阈值. 基本思想是使用 Hamilton 函数 $H_+(x, y)$ 来度量稳定流形和不稳定流形之间的距离, 就像我们在 (Li et al., 2014) 中所做的那样. 本节省略推导的细节, 并给出相应的非光滑系统的 Melnikov 函数, 如下所示:

$$M_1(\theta_0) = \frac{n(\gamma(-T)) \cdot \dot{\gamma}_+(-T)}{n(\gamma(-T)) \cdot \dot{\gamma}_-^1(-T)} \int_{-\infty}^{-T} y_-^1(t) \cdot (-\delta g(\gamma_-^1(t)) + f \cos(\Omega(t + \theta_0))) dt$$

$$+ \int_{-T}^{T} y_+(t) \cdot (-\delta g(\gamma_+(t)) + f \cos(\Omega(t + \theta_0))) dt$$

$$+ \frac{n(\gamma(T)) \cdot \dot{\gamma}_+(T)}{n(\gamma(T)) \cdot \dot{\gamma}_-^2(T)} \int_T^{+\infty} y_-^2(t) \cdot (-\delta g(\gamma_-^2(t)) + f\cos(\Omega(t + \theta_0)))dt.$$

$$(8.12)$$

由于 $\dfrac{n(\gamma(-T)) \cdot \dot{\gamma}_+(-T)}{n(\gamma(-T)) \cdot \dot{\gamma}_-^1(-T)} = \dfrac{n(\gamma(T)) \cdot \dot{\gamma}_+(T)}{n(\gamma(T)) \cdot \dot{\gamma}_-^2(T)} = 1$, 则相应的 Melnikov 函数可以进一步简化为

$$M_1(\theta_0) = \int_{-\infty}^{-T} y_-^1(t) \cdot (-\delta g(\gamma_-^1(t)) + f\cos(\Omega(t + \theta_0)))dt$$

$$+ \int_{-T}^{T} y_+(t)(-\delta g(\gamma_+(t)) + f\cos(\Omega(t + \theta_0)))dt$$

$$+ \int_T^{+\infty} y_-^2(t)(-\delta g(\gamma_-^2(t)) + f\cos(\Omega(t + \theta_0)))dt$$

$$= -\delta I_1 - f I_2(\Omega)\sin(\Omega\theta_0),$$

$$(8.13)$$

其中

$$I_1 = \int_{-\infty}^{-T} y_-^1(t) \cdot g(x_-^1(t), y_-^1(t))dt + \int_{-T}^{T} y_+(t) \cdot g(x_+(t), y_+(t))dt$$

$$+ \int_T^{+\infty} y_-^2(t) \cdot g(x_-^2(t), y_-^2(t))dt,$$

$$(8.14)$$

$$I_2(\Omega) = \int_{-\infty}^{-T} y_-^1(t) \cdot \sin(\Omega t)dt + \int_{-T}^{T} y_+(t) \cdot \sin(\Omega t)dt$$

$$+ \int_T^{+\infty} y_-^2(t) \cdot \sin(\Omega t)dt.$$

定理 8.1 令 ε 足够小, 上述假设都满足, 若参数 f, δ, Ω 满足下列条件

$$\left| \frac{I_1}{I_2(\Omega)} \right| < \frac{f}{\delta},$$

$$(8.15)$$

则存在 $\theta_0 \in \mathbb{R}$ 使得

$$M_1(\theta_0) = 0, \quad M_1'(\theta_0) \neq 0,$$

则稳定流形和不稳定流形在 θ_0 附近横截相交.

8.2　混沌抑制方法

通常的结论是, 在非光滑系统的 Melnikov 函数中存在一个简单零点, 意味着存在 Smale 马蹄意义下的混沌, 尽管并没有严格地证明. 同时 Melnikov 函数存在一个简单零点也是系统出现通常意义下的混沌吸引子的必要条件, 因此接下来, 我们考虑三种控制方法来稍微修改非光滑系统的 Melnikov 函数, 使其零点消失, 从而实现混沌的抑制. 带有控制项的系统可以表示为

$$
\begin{cases}
\dot{x} = y, \\
\dot{y} = -f_+(x) - \varepsilon\delta g(x,y) + \varepsilon f_c\cos(\Omega t) + \varepsilon C(x,y,t), & |x| > a,
\end{cases}
$$
$$
\begin{cases}
\dot{x} = y, \\
\dot{y} = -f_-(x) - \varepsilon\delta g(x,y) + \varepsilon f_c\cos(\Omega t) + \varepsilon C(x,y,t), & |x| < a.
\end{cases}
\tag{8.16}
$$

在该系统中 $C(x,y,t)$ 表示控制项, 可分为以下三类:

(1) 状态反馈控制: $C(x,y,t) = -Ey$;

(2) 自适应控制: $C(x,y,t) = -Px^2(t)g(x,y)$;

(3) 参数激励控制: $C(x,y,t) = xf_p\cos(\omega t + \varphi)$,

其中 $E > 0$, $P > 0$, $f_p > 0$ 代表控制系数. 接下来我们将使用非光滑系统的 Melnikov 函数来研究混沌控制的参数条件.

8.2.1　状态反馈控制方法

首先, 考虑在系统中加入弱速度信号 $y(t)$, 我们把这种控制方法称为系统状态反馈控制方法, 则带有状态反馈变量的系统记为

$$
\begin{cases}
\dot{x} = y, \\
\dot{y} = -f_+(x) - \varepsilon\delta g(x,y) + \varepsilon f_c\cos(\Omega t) - \varepsilon Ey, & |x| > a,
\end{cases}
$$
$$
\begin{cases}
\dot{x} = y, \\
\dot{y} = -f_-(x) - \varepsilon\delta g(x,y) + \varepsilon f_c\cos(\Omega t) - \varepsilon Ey, & |x| < a.
\end{cases}
\tag{8.17}
$$

通过对系统添加状态反馈控制, 使得系统从混沌运动得到抑制. 对方程 (8.17) 进行 Melnikov 分析, 可以得到包含状态反馈控制项的非光滑系统的 Melnikov 函数为

$$
M(\theta_0) = M_1(\theta_0) + \int_{-\infty}^{-T} y_-^1(t) \cdot (-Ey_-^1(t))dt
$$

$$
+ \int_{-T}^{T} y_+(t) \cdot (-Ey_+(t))dt
$$

$$+ \int_{T}^{+\infty} y_-^2(t) \cdot (-Ey_-^2(t))dt$$

$$= M_1(\theta_0) - EI_3$$

$$= -\delta I_1 - f_c I_2(\Omega)\sin(\Omega\theta_0) - EI_3, \tag{8.18}$$

其中 $M_1(\theta_0)$ 由方程 (8.13) 给出, I_3 表示为如下式子

$$I_3 = \int_{-\infty}^{-T} (y_-^1(t))^2 dt + \int_{-T}^{T} (y_+(t))^2 dt + \int_{T}^{+\infty} (y_-^2(t))^2 dt > 0. \tag{8.19}$$

定理 8.2 假设加入状态反馈控制系统 (8.17) 满足下列参数不等式

$$0 < f_c|I_2(\Omega)| - \delta|I_1| < EI_3, \tag{8.20}$$

则相应的 Melnikov 函数 $M(\theta_0)$ 恒小于零, 即系统 (8.8) 中出现的同宿混沌被状态反馈方法抑制.

8.2.2 自适应控制方法

现在, 我们将可以产生混沌运动的系统 (8.8) 中的参数 δ 做一些调整, 使其满足

$$\dot{\delta} = -2Px(t)\dot{x}(t),$$

则

$$\delta = \delta_0 - Px^2(t), \tag{8.21}$$

其中 δ_0 是系统 (8.8) 产生混沌运动时参数 δ 的值, 因此, 加入自适应控制项的系统变为

$$\begin{cases} \dot{x} = y, \\ \dot{y} = -f_+(x) - \varepsilon(\delta_0 + Px^2(t))g(x,y) + \varepsilon f_c\cos(\Omega t), \quad |x| > a, \end{cases}$$
$$\begin{cases} \dot{x} = y, \\ \dot{y} = -f_-(x) - \varepsilon(\delta_0 + Px^2(t))g(x,y) + \varepsilon f_c\cos(\Omega t), \quad |x| < a, \end{cases} \tag{8.22}$$

经过一系列的数学推导, 我们可以得到包含自适应控制项的 Melnikov 函数 $M(\theta_0)$ 表示如下

$$M(\theta_0) = M_1(\theta_0) + \int_{-\infty}^{-T} y_-^1(t) \cdot ((-P(x_-^1(t))^2)g(x_-^1(t), y_-^1(t)))dt$$

$$+ \int_{-T}^{T} y_+(t) \cdot ((-P(x_+(t))^2)g(x_+(t), y_+(t)))dt$$

$$+ \int_T^{+\infty} y_-^2(t) \cdot ((-P(x_-^2(t))^2)g(x_-^2(t), y_-^2(t)))dt$$

$$= M_1(\theta_0) - PI_4$$

$$= -\delta_0 I_1 - f_c I_2(\Omega)\sin(\Omega\theta_0) - PI_4, \tag{8.23}$$

其中

$$I_4 = \int_{-\infty}^{-T} (x_-^1(t))^2 g(x_-^1(t), y_-^1(t))(y_-^1(t))dt$$

$$+ \int_{-T}^{T} (x_+(t))^2 g(x_+(t), y_+(t))(y_+(t))dt$$

$$+ \int_T^{+\infty} (x_-^2(t))^2 g(x_-^2(t), y_-^2(t))y_-^2(t)dt. \tag{8.24}$$

定理 8.3　假设加入自适应控制系统 (8.22) 满足下列参数不等式

$$|\delta_0 I_1 + PI_4| > f_c|I_2(\Omega)| > \delta_0|I_1|, \tag{8.25}$$

则相应的 Melnikov 函数 $M(\theta_0)$ 没有零点, 即系统 (8.8) 中出现的同宿混沌被自适应方法抑制.

8.2.3　参数激励控制方法

我们将参数激励 $xf_p\cos(\omega t + \varphi)$ 添加到系统 (8.8), 控制系统可以写为

$$\begin{cases} \dot{x} = y, \\ \dot{y} = -f_+(x) - \varepsilon\delta g(x)y + \varepsilon f_c\cos(\Omega t) + \varepsilon x f_p\cos(\omega t + \varphi), \quad |x| > a, \end{cases}$$
$$\begin{cases} \dot{x} = y, \\ \dot{y} = -f_-(x) - \varepsilon\delta g(x)y + \varepsilon f_c\cos(\Omega t) + \varepsilon x f_p\cos(\omega t + \varphi), \quad |x| < a, \end{cases} \tag{8.26}$$

其中 f_p, ω, φ 分别表示参数激励的振幅、频率和初始相位.

下面重点研究通过对系统添加参数激励控制, 如何通过调节激励幅值和初始相位, 使得系统的同宿混沌运动得到抑制. 我们对方程 (8.26) 进行 Melnikov 分析, 可以得到包含参数激励控制项的非光滑系统的 Melnikov 函数 $M(\theta_0)$ 为

$$M(\theta_0) = M_1(\theta_0) + f_p \int_{-\infty}^{-T} x_-^1(t)y_-^1(t)\cos[\omega(t + \theta_0) + \varphi]dt$$

$$+ f_p \int_{-T}^{T} x_+(t) y_+(t) \cos[\omega(t + \theta_0) + \varphi] dt$$

$$+ f_p \int_{T}^{+\infty} x_-^2(t) y_-^2(t) \cos[\omega(t + \theta_0) + \varphi] dt$$

$$= M_1(\theta_0) - f_p \sin(\omega\theta_0 + \varphi) \bigg[\int_{-\infty}^{-T} x_-^1(t) y_-^1(t) \sin(\omega t) dt$$

$$+ \int_{-T}^{T} x_+(t) y_+(t) \sin(\omega t) dt + \int_{T}^{+\infty} x_-^2(t) y_-^2(t) \sin(\omega t) dt \bigg]$$

$$= - \delta I_1 - f_c I_2(\Omega) \sin(\Omega\theta_0) - f_p \sin(\omega\theta_0 + \varphi) I_5(\omega), \tag{8.27}$$

其中

$$I_5(\omega) = \int_{-\infty}^{-T} x_-^1(t) y_-^1(t) \sin(\omega t) dt$$

$$+ \int_{-T}^{T} x_+(t) y_+(t) \sin(\omega t) dt + \int_{T}^{+\infty} x_-^2(t) y_-^2(t) \sin(\omega t) dt. \tag{8.28}$$

不失一般性, 为了方便分析, 不妨假设 $I_1 > 0$, $-I_2(\Omega) > 0$, $I_5(\omega) > 0$, $d = -f_c I_2(\Omega) - \delta I_1 > 0$. 这里 $d > 0$ 保证未加任何控制项的原系统 (8.8) 的 Melnikov 函数 $M_1(\theta_0)$ 具有简单零点, 从而系统的稳定流形和不稳定流形横截相交, 系统在同宿轨道附近存在 Smale 马蹄意义下的混沌, 从而会发生同宿混沌.

下面研究加入参数激励后的系统 (8.26), 寻找对任意 θ_0, 使 Melnikov 函数 $M(\theta_0)$ 保持负值的充分条件, 即参数激励的幅值和初始相位需要满足的条件 (Chacón, 1995).

定理 8.4 对于一般的 Ω 和 ω, $f_p I_5(\omega) > d$ 是系统 (8.26) 的 Melnikov 函数 $M(\theta_0) < 0$ 对任意 θ_0 都成立的必要条件.

如果要使 $f_p I_5(\omega) > d$ 是系统 (8.26) 的 Melnikov 函数 $M(\theta_0)$ 恒负的充分条件, 需要寻找 ω, Ω 和 φ 满足的条件, 使得对任意 θ_0,

当 $-f_c I_2(\Omega) > f_p I_5(\omega)$ 时, 有

$$-f_c I_2(\Omega) \sin(\Omega\theta_0) - f_p I_5(\omega) \sin(\omega\theta_0 + \varphi) \leqslant -f_c I_2(\Omega) - f_p I_5(\omega); \tag{8.29}$$

当 $f_p I_5(\omega) > -f_c I_2(\Omega)$ 时, 有

$$-f_c I_2(\Omega) \sin(\Omega\theta_0) - f_p I_5(\omega) \sin(\omega\theta_0 + \varphi) \leqslant f_p I_5(\omega) - (-f_c I_2(\Omega)). \tag{8.30}$$

引理 8.5 如果 ω/Ω 为无理数, 则一定存在 $\bar{\theta}_0$ 使得 (8.29) 和 (8.30) 不成立.

引理 8.6 如果存在互质的正整数 p 和 q, 使得 $q\omega = p\Omega$, 则存在某 $\tilde{\theta}_0$ 使得正弦函数 $\sin(\Omega\tilde{\theta}_0) = \sin(\omega\tilde{\theta}_0 + \varphi) = 1$ 的充分且必要条件是

$$\frac{p}{q} = \frac{4m_1 + 1 - 2\varphi/\pi}{4n_1 + 1}, \tag{8.31}$$

则存在某 $\hat{\theta}_0$ 使得 $\sin(\Omega\hat{\theta}_0) = \sin(\omega\hat{\theta}_0 + \varphi) = -1$ 的充分且必要条件是

$$\frac{p}{q} = \frac{4m_2 - 1 - 2\varphi/\pi}{4n_2 - 1}, \tag{8.32}$$

其中 m_1, n_1, m_2, n_2 为整数.

引理 8.5 说明, 为了 (8.29) 或 (8.30) 成立, Ω 和 ω 必须满足共振条件. 引理 8.6 说明, 在 Ω 和 ω 满足共振条件下, 即 $q\omega = p\Omega$, 存在无穷多个 $\theta_0 = \tilde{\theta}_0(\hat{\theta}_0) + 2kq\pi/\Omega$, k 为任意的整数, 使得 (8.29) 或 (8.30) 成立. 下面研究如何加强条件, 让 (8.29) 或 (8.30) 对任意的 θ_0 均成立. 当 $-f_c I_2(\Omega) > f_p I_5(\omega)$ 时, 在 (8.31) 成立的前提下, 把 (8.29) 改写为

$$\frac{-f_c I_2(\Omega)}{f_p I_5(\omega)} \geqslant \frac{1 - \sin(\omega\theta_0 + \varphi)}{1 - \sin(\Omega\theta_0)} = \frac{1 - \cos(pt/q)}{1 - \cos t}, \tag{8.33}$$

其中 $t = \Omega\theta_0 - (4n_1 + 1)\pi/2$. 当 $-f_c I_2(\Omega) < f_p I_5(\omega)$ 时, 在 (8.32) 成立的前提下, 把 (8.30) 改写为

$$\frac{-f_c I_2(\Omega)}{f_p I_5(\omega)} \leqslant \frac{1 + \sin(\omega\theta_0 + \varphi)}{1 + \sin(\Omega\theta_0)} = \frac{1 - \cos(pt/q)}{1 - \cos t}, \tag{8.34}$$

其中 $t = \Omega\theta_0 - (4n_2 + 1)\pi/2$.

引理 8.7 令函数 $f(t; p, q) = [1 - \cos(pt/q)]/[1 - \cos t]$, t 为实数, p 和 q 为正整数, 则函数 f 有界的充分必要条件是 $q = 1$, 进一步有 $0 \leqslant f(t; p, 1) \leqslant p^2$. 如果 $p = 1$, 函数 f 有最小值 $1/q^2$, 即 $1/q^2 \leqslant f(t; 1, q)$.

定理 8.8 令 $\omega = p\Omega$, 存在整数 m_1 和 n_1 使得 $p = (4m_1 + 1 - 2\varphi/\pi)/(4n_1 + 1)$, 则系统 (8.26) 的 Melnikov 函数 $M(\theta_0) < 0$ 对任意的 θ_0 均成立的一个充分条件是

$$0 < \frac{-f_c I_2(\Omega) - \delta I_1}{I_5(p\Omega)} < f_p \leqslant \frac{-f_c I_2(\Omega)}{p^2 I_5(p\Omega)}. \tag{8.35}$$

证明: 需要证明 (8.35) 成立时, 系统的 Melnikov 函数 $M(\theta_0)$ 恒为负值. 当 $q = 1$, $\omega = p\Omega$ 时, 由 (8.31) 知, 存在整数 m_1 和 n_1 使得 $p = (4m_1 + 1 - 2\varphi/\pi)/(4n_1 + 1)$. 由引理 8.7 和 (8.35) 知

$$\frac{-f_c I_2(\Omega)}{f_p I_5(p\Omega)} \geqslant p^2 \geqslant f(t; p, 1). \tag{8.36}$$

因此不等式 (8.29) 对任意的 θ_0 都是成立的. 此时系统的 Melnikov 函数

$$M(\theta_0) = -\delta I_1 - f_c I_2(\Omega)\sin(\Omega\theta_0) - f_p I_5(p\Omega)\sin(p\Omega\theta_0 + \varphi)$$

$$\leqslant -\delta I_1 - f_c I_2(\Omega) - f_p I_5(p\Omega) < 0. \tag{8.37}$$

上式第二个不等式放缩利用了 (8.35), 即 $f_p I_5(p\Omega) > -f_c I_2(\Omega) - \delta I_1 > 0$. 本定理表明条件 (8.35) 保证系统 (8.8) 中的混沌运动在选定的相位 φ 下被抑制. 但是注意到, 随着 p 增大, f_p 的上界 $(-f_c I_2(\Omega))/(p^2 I_5(p\Omega))$ 逐渐减少, 因此可以抑制混沌运动的参数激励幅值的带宽逐渐减少.

定理 8.9 令 $\omega = \Omega/q$, 存在整数 m_2 和 n_2 使得 $1/q = (4m_2 - 1 - 2\varphi/\pi)/(4n_2 - 1)$, 则系统 (8.26) 的 Melnikov 函数 $M(\theta_0) < 0$ 对任意的 θ_0 均成立的一个充分条件是:

$$0 < \frac{-q^2 f_c I_2(\Omega)}{I_5\left(\dfrac{\Omega}{q}\right)} \leqslant f_p < \frac{-f_c I_2(\Omega) + \delta I_1}{I_5\left(\dfrac{\Omega}{q}\right)}. \tag{8.38}$$

证明: 需要证明 (8.38) 成立时, 系统的 Melnikov 函数 $M(\theta_0)$ 恒为负值. 当 $p = 1$, $\omega = \Omega/q$ 时, 由 (8.32) 知, 存在整数 m_2 和 n_2 使得 $1/q = (4m_2 - 1 - 2\varphi/\pi)/(4n_2 - 1)$. 由引理 8.7 和 (8.38) 知

$$\frac{-f_c I_2(\Omega)}{f_p I_5\left(\dfrac{\Omega}{q}\right)} \leqslant \frac{1}{q^2} \leqslant f(t; 1, q). \tag{8.39}$$

因此不等式 (8.30) 对任意的 θ_0 都是成立的. 此时系统的 Melnikov 函数满足

$$M(\theta_0) = -\delta I_1 - f_c I_2(\Omega)\sin(\Omega\theta_0) - f_p I_5\left(\frac{\Omega}{q}\right)\sin\left(\frac{\Omega}{q}\theta_0 + \varphi\right)$$

$$\leqslant -\delta I_1 + f_p I_5\left(\frac{\Omega}{q}\right) - (-f_c I_2(\Omega)) < 0. \tag{8.40}$$

上式第二个不等式放缩利用了 (8.38), 即 $f_p < [(-f_c I_2(\Omega)) + \delta I_1]/I_5\left(\dfrac{\Omega}{q}\right)$. 本定理表明条件 (8.38) 保证系统 (8.8) 中的混沌运动在选定的相位 φ 下被抑制.

当 $p = q = 1$ 时, 即 $\omega = \Omega$, 结合 (8.35) 和 (8.38), 可以总结得到下面定理, 此时 f_p 表示的参数激励幅值的带宽比定理 8.8 和定理 8.9 均增加.

定理 8.10 当 $\omega = \Omega$ 时, 令初始相位 $\varphi = 0$, 则系统 (8.26) 的 Melnikov 函数 $M(\theta_0) < 0$ 对任意的 θ_0 均成立的充分条件是

$$0 < \frac{-f_c I_2(\Omega) - \delta I_1}{I_5(\Omega)} < f_p < \frac{-f_c I_2(\Omega) + \delta I_1}{I_5(\Omega)}. \tag{8.41}$$

8.3   混沌控制的应用

在这一部分中, 我们将上节所得结果应用于研究具体分段光滑系统的混沌抑制, 通过数值模拟验证了基于非光滑系统 Melnikov 方法的混沌抑制策略的有效性.

8.3.1   应用实例

我们考虑如下一类平面分段光滑振子

$$
\begin{cases}
\dot{x} = y, \\
\dot{y} = \omega_0^2\left(\dfrac{1}{\alpha} - 1\right)x - 2\varepsilon\mu y + \varepsilon f_0\cos(\Omega t), \quad |x| < \alpha, \\
\begin{cases}
\dot{x} = y, \\
\dot{y} = -\omega_0^2(x - \mathrm{sign}(x)) - 2\varepsilon\mu y + \varepsilon f_0\cos(\Omega t), \quad |x| > \alpha,
\end{cases}
\end{cases}
\tag{8.42}
$$

其中 $0 < \alpha < 1$, μ 和 f_0 分别表示阻尼系数和周期外激励的幅值.

当 $\varepsilon = 0$ 时, 未扰动系统是一个分段 Hamilton 系统可以写为

$$
\begin{cases}
\dot{x} = y = \dfrac{\partial H}{\partial y}, \\
\dot{y} = \omega_0^2\left(\dfrac{1}{\alpha} - 1\right)x = -\dfrac{\partial H}{\partial x}, \quad |x| < \alpha, \\
\begin{cases}
\dot{x} = y = \dfrac{\partial H}{\partial y}, \\
\dot{y} = -\omega_0^2(x - \mathrm{sign}(x)) = -\dfrac{\partial H}{\partial x}, \quad |x| > \alpha,
\end{cases}
\end{cases}
\tag{8.43}
$$

其中 Hamilton 函数 $H(x, y)$ 为

$$
H(x, y) =
\begin{cases}
H_-(x, y) = \dfrac{1}{2}y^2 + \dfrac{1}{2}\omega_0^2 x^2 - \dfrac{1}{2\alpha}\omega_0^2 x^2, & |x| < \alpha, \\
H_+(x, y) = \dfrac{1}{2}y^2 + \dfrac{1}{2}\omega_0^2 x^2 - \omega_0^2(\mathrm{sign}(x))x + \dfrac{1}{2}\omega_0^2\alpha, & |x| > \alpha.
\end{cases}
\tag{8.44}
$$

对于未扰动系统 (8.43), 可以得到三个平衡点分别为 $(0, 0)$, $(\pm 1, 0)$, 分析可知 $(0, 0)$ 是一个鞍点, $(\pm 1, 0)$ 是中心, 存在一对连接 $(0, 0)$ 到自身的同宿轨道. 这里, 我们只考虑 $x = 0$ 右侧的同宿轨道, 且切换流形 $x = \alpha$ 将同宿轨道分成一个椭圆段 (用 $\gamma_+(t)$ 表示) 和两个线段 (用 $\gamma_-^1(t)$ 和 $\gamma_-^2(t)$ 表示), 这两个线段在

$t \to -\infty$ 和 $t \to +\infty$ 时相交于 $(0, 0)$ 点. 分段光滑系统的同宿轨道的解析表达式为

$$
\gamma(t) = \begin{cases}
\gamma_-^1(t) = (\exp(\lambda(t+T)), \lambda \exp(\lambda(t+T))), & t \leqslant -T, \\
\gamma_+(t) = (1 + d\cos(\omega_0 t), -\omega_0 d\sin(\omega_0 t)), & -T \leqslant t \leqslant T, \\
\gamma_-^2(t) = (\exp(-\lambda(t-T)), -\lambda \exp(-\lambda(t-T))), & t \geqslant T,
\end{cases} \tag{8.45}
$$

其中

$$
\lambda = \omega_0 \sqrt{\frac{1}{\alpha} - 1}, \quad d = \sqrt{1-\alpha}, \quad T = \frac{1}{w_0} \arcsin\left(\frac{\alpha-1}{d}\right). \tag{8.46}
$$

相应的非光滑系统的 Melnikov 函数可以写为

$$
M(\theta_0) = -2\mu A(\alpha, \omega_0, \lambda, T) + f_0 B(\alpha, \omega_0, \lambda, \Omega, T) \sin(\Omega\theta_0), \tag{8.47}
$$

其中

$$
A(\alpha, \omega_0, \lambda, T) = \lambda + d^2\omega_0^2 \left(T - \frac{1}{2\omega_0}\sin(2\omega_0 T)\right) > 0,
$$

$$
\begin{aligned}
B(\alpha, \omega_0, \lambda, \Omega, T) =& \frac{2\lambda}{\lambda^2 + \Omega^2}(\lambda\sin(\Omega T) + \Omega\cos(\Omega T)) \\
& + dw_0 \left(\frac{\sin((\omega_0 - \Omega)T)}{\omega_0 - \Omega} - \frac{\sin((\omega_0 + \Omega)T)}{\omega_0 + \Omega}\right).
\end{aligned} \tag{8.48}
$$

在上述获得的 Melnikov 函数中, 在等式 (8.46) 中给出了相应的参数 d, T 和 λ. 可以看出, 使得

$$
M(\theta_0) = 0 \tag{8.49}
$$

有简单零点 θ_0 当且仅当下列不等式成立

$$
2\mu A(\alpha, \omega_0, \lambda, T) < f_0 |B(\alpha, \omega_0, \lambda, \Omega, T)|. \tag{8.50}
$$

8.3.2 同宿混沌的数值模拟

当不等式 (8.50) 成立时, 系统 (8.42) 具有 Smale 马蹄意义下的混沌. 在本节中限定 $\omega_0 = 1$, $\omega = 1.05$. 分别取 $\alpha = 0.6$ 和 $\alpha = 0.8$, 基于不等式 (8.50) 可以得到系统 (8.42) 的混沌阈值, 如图 8.5 所示.

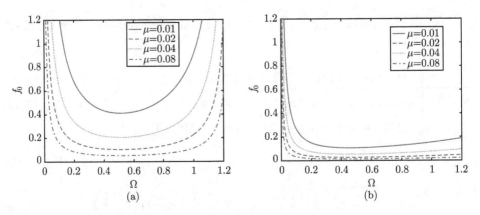

图 8.5   系统 (8.42) 的混沌阈曲线 f_0-Ω: (a) $\alpha = 0.6$; (b) $\alpha = 0.8$

图 8.5 表示固定阻尼系数 μ 的系统混沌阈值曲线 f_0-Ω. 如果 Ω 变化, 当 f 取位于阈值曲线上方的区域的值时, 系统 (8.42) 的稳定流形与不稳定流形横截相交, 系统将发生同宿混沌运动. 图 8.5(a) 中, $\alpha = 0.6$, 图 8.5(b) 中, $\alpha = 0.8$.

固定 $\alpha = 0.6$, 当 $f = 0.82$ 选在阈值曲线的上方时, Melnikov 函数 $M(\theta_0)$ 有简单零点, 系统具有 Smale 马蹄意义下的混沌运动. 得到用红色表示的手掌状的混沌吸引子如图 8.6 所示. 图 8.7 是混沌运动对应的时间历程图, 图 8.6(a), 图 8.7(a) 对应的阻尼为 $\mu = 0.01$, 图 8.6(b), 图 8.7(b) 对应的阻尼为 $\mu = 0.08$.

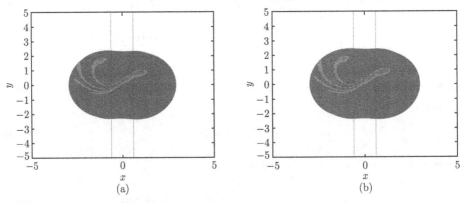

图 8.6 $\alpha = 0.6$ 时系统 (8.42) 的混沌吸引子: (a) $\mu = 0.01$; (b) $\mu = 0.08$(文后附彩图)

同理, 固定 $\alpha = 0.8$, 当 $f = 0.6$ 选在阈值曲线的上方时, Melnikov 函数 $M(\theta_0)$ 有简单零点, 得到新的手掌状的混沌吸引子如图 8.8 所示. 图 8.9 是混沌运动对应的时间历程图, 图 8.8(a), 图 8.9(a) 对应的阻尼为 $\mu = 0.01$, 图 8.8(b), 图 8.9(b) 对应的阻尼为 $\mu = 0.08$.

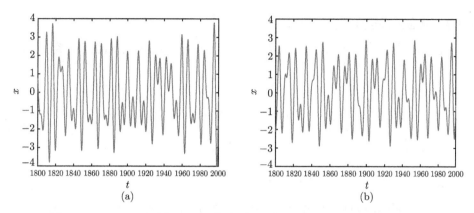

图 8.7　$\alpha = 0.6$ 时系统 (8.42) 的时间历程图: (a) $\mu = 0.01$; (b) $\mu = 0.08$

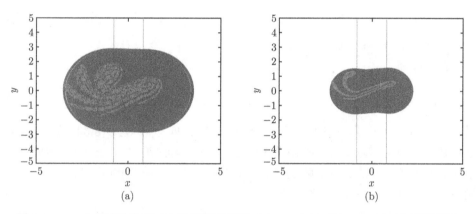

图 8.8　$\alpha = 0.8$ 时系统 (8.42) 的混沌吸引子: (a) $\mu = 0.01$; (b) $\mu = 0.08$(文后附彩图)

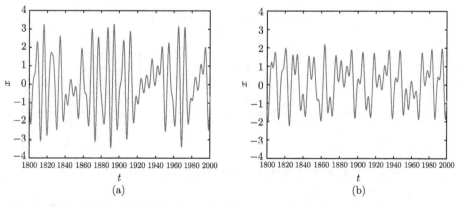

图 8.9　$\alpha = 0.8$ 时系统 (8.42) 的时间历程图: (a) $\mu = 0.01$；(b) $\mu = 0.08$

8.3.3　状态反馈控制方法的应用

设 $y(t)$ 表示对系统 (8.42) 的弱速度信号反馈, 那么状态反馈控制系统可记为

$$
\begin{cases}
\dot{x} = y, \\
\dot{y} = \omega_0^2 \left(\dfrac{1}{\alpha} - 1 \right) x - 2\varepsilon\mu y + \varepsilon f_0 \cos(\Omega t) - \varepsilon Ey, \quad |x| < \alpha,
\end{cases}
$$

$$
\begin{cases}
\dot{x} = y, \\
\dot{y} = -\omega_0^2 (x - \text{sign}(x)) - 2\varepsilon\mu y + \varepsilon f_0 \cos(\Omega t) - \varepsilon Ey, \quad |x| > \alpha,
\end{cases} \tag{8.51}
$$

其中 $-\varepsilon Ey$ 表示弱阻尼力, 系统 (8.51) 可以看作一个简单的状态反馈控制系统.
经过一系列计算, 得到相应的 Melnikov 函数为

$$
M(\theta_0) = (-2\mu - E)A(\alpha, w_0, \lambda, T) + f_0 B(\alpha, w_0, \lambda, \Omega, T)\sin(\Omega\theta_0), \tag{8.52}
$$

对应的参数 d, T 和 λ 如方程 (8.48) 所示.

根据定理 8.2, 当下列参数不等式成立时

$$
0 < f_0|B(\alpha, w_0, \lambda, \Omega, T)| - 2\mu A(\alpha, w_0, \lambda, T) < EA(\alpha, w_0, \lambda, T), \tag{8.53}
$$

易见 $M(\theta_0) < 0$, 因此我们可以通过调整反馈参数 E, 使不等式 (8.53) 成立. 因此,
通过状态反馈控制方法可以抑制系统产生的混沌运动. 通过 Melnikov 分析, 得到
了状态反馈控制方法的参数阈值曲线, 如图 8.10 所示. 图 8.10(a) 和图 8.10(b) 分
别表示 $\alpha = 0.6$ 和 $\alpha = 0.8$ 时的曲线图.

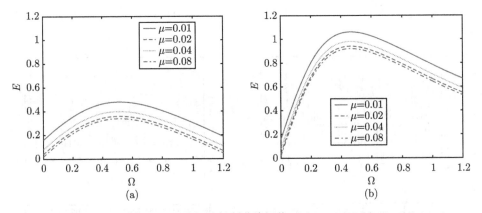

图 8.10　系统 (8.51) 的混沌抑制曲线阈值: (a)$\alpha = 0.6$; (b)$\alpha = 0.8$

图 8.10 中, 对于每个固定阻尼 μ 和 α, 如果 Ω 变化, 当 E 取位于阈值曲线上
方区域的值时, 系统 (8.42) 的同宿混沌将被抑制.

下面通过数值模拟验证状态反馈方法抑制同宿混沌的有效性. 参数 $\omega_0 = 1$, $\omega = 1.05$, $f = 0.82$, 和图 8.6—图 8.9 中的取值相同.

首先考虑 $\alpha = 0.6$ 的情况: 当阻尼系数 $\mu = 0.01$ 时, 控制参数取为 $E = 1.3$ 时; 或者当阻尼系数 $\mu = 0.08$ 时, 控制参数取为 $E = 0.5$. 两种参数取值情况下, 使系统 (8.51) 的 Melnikov 函数 $M(\theta_0)$ 恒小于零, 此时图 8.6 和图 8.7 呈现的混沌运动被抑制, 变成了单阱或跨阱的周期运动, 如图 8.11 和图 8.12 所示. 其中图 8.11 为系统的相图, 图 8.12 为系统时间历程图. 图 8.11(a) 和图 8.12(a) 所取的阻尼 $\mu = 0.01$, 控制参数 $E = 1.3$; 图 8.11(b) 和图 8.12(b) 所取的阻尼 $\mu = 0.08$, 控制参数 $E = 0.5$.

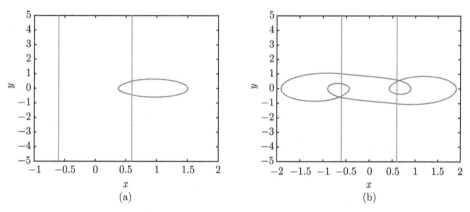

图 8.11 $\alpha = 0.6$ 时系统 (8.51) 的周期运动: (a)$\mu = 0.01$, $E = 1.3$; (b)$\mu = 0.08$, $E = 0.5$

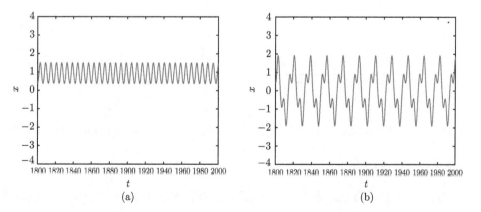

图 8.12 $\alpha = 0.6$ 时系统 (8.51) 的时间历程图: (a) $\mu = 0.01$, $E = 1.3$; (b) $\mu = 0.08$, $E = 0.5$

然后考虑 $\alpha = 0.8$ 的情况: 当阻尼系数 $\mu = 0.01$ 时, 控制参数取为 $E = 0.85$;

或者当阻尼系数 $\mu = 0.08$ 时, 控制参数取为 $E = 0.9$. 两种参数取值情况下, 使系统 (8.51) 的 Melnikov 函数 $M(\theta_0)$ 恒小于零, 此时图 8.8 和图 8.9 呈现的混沌运动被抑制, 变成了单阱的周期运动, 如图 8.13 和图 8.14 所示. 其中图 8.13 为系统的相图, 图 8.14 为系统时间历程图. 图 8.13(a) 和图 8.13(a) 所取的阻尼 $\mu = 0.01$, 控制参数 $E = 0.85$; 图 8.13(b) 和图 8.13(b) 所取的阻尼 $\mu = 0.08$, 控制参数 $E = 0.9$.

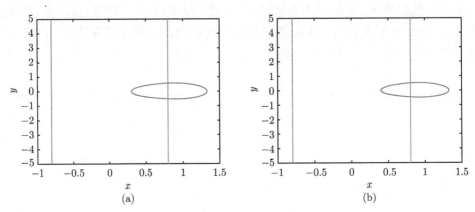

图 8.13　$\alpha = 0.8$ 时系统 (8.51) 的周期运动: (a) $\mu = 0.01, E = 0.85$; (b) $\mu = 0.08, E = 0.9$

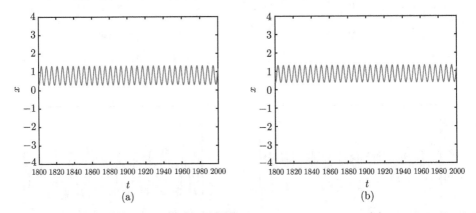

图 8.14　$\alpha = 0.8$ 时系统 (8.51) 的时间历程图: (a) $\mu = 0.01, E = 0.85$; (b) $\mu = 0.08, E = 0.9$

8.3.4　自适应控制方法的应用

当参数 μ 满足自适应调节 $\dot{\mu} = -2Px(t)\dot{x}(t)$, 即 $\mu = \mu_0 - Px^2(t)$ 时, 在原系统 (8.42) 中加入自适应控制项 μ 之后的系统可写为

$$
\begin{cases}
\dot{x} = y, \\
\dot{y} = \omega_0^2 \left(\dfrac{1}{\alpha} - 1 \right) x - 2\varepsilon(\mu_0 - Px^2)y + \varepsilon f_0 \cos(\Omega t), \quad |x| < 1, \\
\end{cases}
$$

$$
\begin{cases}
\dot{x} = y, \\
\dot{y} = -\omega_0^2(x - \operatorname{sign}(x)) - 2\varepsilon(\mu_0 - Px^2)y + \varepsilon f_0 \cos(\Omega t), \quad |x| > 1.
\end{cases}
\tag{8.54}
$$

相应的非光滑系统的 Melnikov 函数为

$$
\begin{aligned}
M(\theta_0) = &-2\mu_0 A(\alpha, w_0, \lambda, T) \\
&+ f_0 B(\alpha, w_0, \lambda, \Omega, T)\sin(\Omega\theta_0) + PC(\alpha, w_0, \lambda, T),
\end{aligned}
\tag{8.55}
$$

其中

$$
\begin{aligned}
C(\alpha, w_0, \lambda, T) =& \lambda + 2d^2\omega_0^2\left(T - \frac{1}{2\omega_0}\sin(2\omega_0 T)\right) \\
&+ \frac{8}{3}d^3\omega_0\sin^3(\omega_0 T) + \frac{1}{2}\omega_0^2 d^4 T - \frac{1}{8}\omega_0^2 d^4\sin(4\omega_0 T).
\end{aligned}
$$

上述得到的 Melnikov 函数中, 相应的参数 d, T 和 λ 由方程 (8.46) 给出. 基于定理 8.3 知, 当下列不等式成立时

$$
\begin{aligned}
2\mu_0 A(\alpha, w_0, \lambda, T) &< f_0|B(\alpha, w_0, \lambda, \Omega, T)| \\
&< |2\mu_0 A(\alpha, w_0, \lambda, T) - P \cdot C(\alpha, w_0, \lambda, T)|,
\end{aligned}
\tag{8.56}
$$

具有自适应控制参数的 Melnikov 函数 $M(\theta_0) < 0$ 恒成立, 也就是说系统 (8.42) 的混沌运动被自适应控制方法抑制.

通过 Melnikov 分析, 选定不同的阻尼系数 μ, 得到添加自适应控制方法的系统控制参数阈值曲线 P-Ω, 如图 8.15 所示. 图 8.15(a), (b) 分别代表 $\alpha = 0.6$ 和 $\alpha = 0.8$ 时的阈值曲线图, 其他的对应参数和 8.3.2 小节呈现混沌吸引子的参数保持一致.

图 8.15(a) 中, 对于每个固定阻尼 μ, 如果 Ω 变化时, 当 P 取位于阈值曲线上方区域的值时, 系统 (8.42) 的同宿混沌将被抑制. 固定系统参数 $\alpha = 0.6$, $f = 0.82$ 使系统不等式 (8.56) 成立, 从而确保添加自适应控制项后系统的 Melnikov 函数 $M(\theta_0)$ 恒为负值. 此时混沌运动被抑制, 呈现仅横截穿越其中一个切换流形的周期运动, 如图 8.16 所示, 图 8.17 是周期运动对应的时间历程图. 图 8.16(a) 和图 8.17(a) 中阻尼为 $\mu = 0.01$, 控制参数为 $P = 0.5$; 图 8.16(b) 和图 8.17(b) 的阻尼取为 $\mu = 0.08$, 控制参数取为 $P = 0.7$.

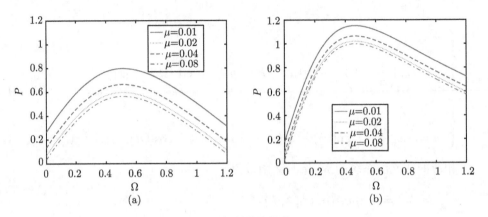

图 8.15 系统 (8.54) 的混沌抑制曲线阈值: (a)$\alpha = 0.6$; (b)$\alpha = 0.8$

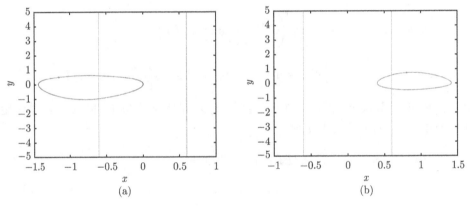

图 8.16 $\alpha = 0.6$ 时系统 (8.54) 的周期运动: (a) $\mu = 0.01, P = 0.5$; (b) $\mu = 0.08, P = 0.7$

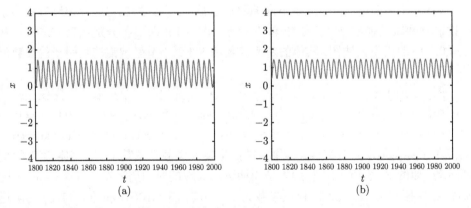

图 8.17 $\alpha = 0.6$ 时系统 (8.54) 的时间历程图: (a) $\mu = 0.01, P = 0.5$; (b) $\mu = 0.08, P = 0.7$

图 8.15(b) 中, 对于每个固定阻尼 μ, 如果 Ω 变化时, 当 P 取位于阈值曲线上方区域的值时, 系统 (8.42) 的同宿混沌将被抑制. 我们固定系统参数 $\alpha = 0.8$, $f = 0.6$, 使得取值参数在控制参数阈值曲线的上方, 对应 Melnikov 函数 $M(\theta_0)$ 没有零点. 则混沌运动被抑制, 呈现仅横截穿越右侧切换流形的周期运动, 如图 8.18 所示, 图 8.19 是周期运动对应的时间历程图. 图 8.18(a) 和图 8.19(a) 中的阻尼取为 $\mu = 0.01$, 控制参数取为 $P = 0.85$; 图 8.18(b) 和图 8.19(b) 中的阻尼取为 $\mu = 0.08$, 控制参数取为 $P = 0.95$.

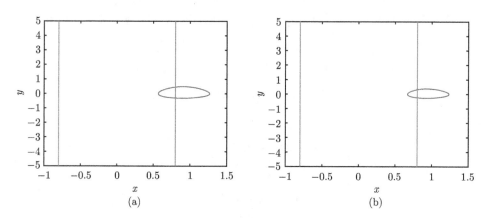

图 8.18　$\alpha = 0.8$ 时系统 (8.54) 的周期运动: (a)$\mu = 0.01, P = 0.85$; (b)$\mu = 0.08, P = 0.95$

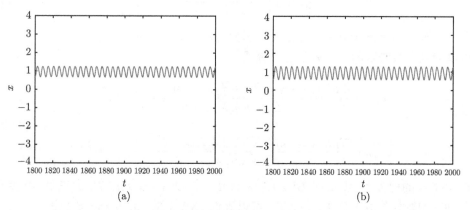

图 8.19　$\alpha = 0.8$ 时系统 (8.54) 的时间历程图: (a) $\mu = 0.01, P = 0.85$;
(b) $\mu = 0.08, P = 0.95$

8.3.5　参数激励控制方法的应用

增加参数周期激励控制项的系统写为

$$
\begin{cases}
\dot{x} = y, \\
\dot{y} = \omega_0^2 \left(\dfrac{1}{\alpha} - 1 \right) x - 2\varepsilon\mu y + \varepsilon f_0 \cos(\Omega t) + \varepsilon x f_p \cos(\omega t + \varphi), \quad |x| < \alpha,
\end{cases}
\tag{8.57}
$$

$$
\begin{cases}
\dot{x} = y, \\
\dot{y} = -\omega_0^2 (x - \text{sign}(x)) - 2\varepsilon\mu y + \varepsilon f_0 \cos(\Omega t) + \varepsilon x f_p \cos(\omega t + \varphi), \quad |x| > \alpha,
\end{cases}
$$

其中 f_c, ω 和 φ 分别代表振幅、频率、控制激励的初始相位.

通过 Melnikov 分析, 我们可以得到非光滑参数激励控制系统 (8.57) 的 Melnikov 函数为

$$
\begin{aligned}
M(\theta_0) = &- 2\mu A(\alpha, w_0, \lambda, T) + f_0 B(\alpha, w_0, \lambda, \Omega, T) \sin(\Omega\theta_0) \\
&+ f_p D(\alpha, w_0, \lambda, \omega, T) \sin(\omega\theta_0 + \varphi),
\end{aligned}
\tag{8.58}
$$

其中

$$
\begin{aligned}
D(\alpha, w_0, \lambda, \omega, T) = &\frac{4\lambda^2 \sin(\omega T) + 2\omega\lambda \cos(\omega T)}{4\lambda^2 + \omega^2} \\
&+ d\omega_0 \left[\frac{\sin(\omega_0 - \omega)T}{\omega_0 - \omega} - \frac{\sin(\omega_0 + \omega)T}{\omega_0 + \omega} \right] \\
&+ \frac{1}{2} d^2 \omega_0 \left[\frac{\sin(2\omega_0 - \omega)T}{2\omega_0 - \omega} - \frac{\sin(2\omega_0 + \omega)T}{2\omega_0 + \omega} \right].
\end{aligned}
\tag{8.59}
$$

令参数控制激励频率与原系统外激励的频率相等, 即 $\Omega = \omega$, 基于定理 8.10, 可以得到参数激励的幅值满足的不等式:

$$
\begin{aligned}
f_p &> \frac{-2\mu_0 A(\alpha, w_0, \lambda, T) + f_0 |B(\alpha, w_0, \lambda, \Omega, T)|}{|D(\alpha, w_0, \lambda, \omega, T)|}, \\
f_p &< \frac{2\mu_0 A(\alpha, w_0, \lambda, T) + f_0 |B(\alpha, w_0, \lambda, \Omega, T)|}{|D(\alpha, w_0, \lambda, \omega, T)|}.
\end{aligned}
\tag{8.60}
$$

在 (8.60) 的前提下上, 根据 $B(\alpha, w_0, \lambda, \Omega, T)$ 或 $D(\alpha, w_0, \lambda, \omega, T)$ 的正负, 当参数激励的初始相位取值为 0 或 π 时, 可以确保 (8.58) 的 Melnikov 函数恒负, 此时系统 (8.42) 的混沌运动被参数激励控制方法所抑制.

通过 Melnikov 分析, 得到添加参数激励控制的系统参数阈值曲线, 如图 8.20 所示. 对于固定的阻尼系数 μ, 图 8.20(a) 和图 8.20(b) 分别代表 $\alpha = 0.6$, $\alpha = 0.8$ 时的参数阈值控制曲线, 其他的对应参数和 8.3.2 小节呈现混沌吸引子的参数保持一致.

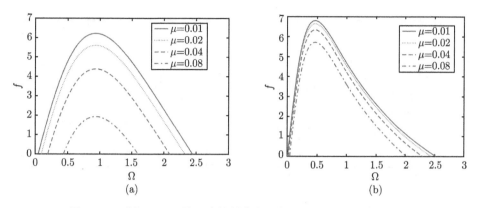

图 8.20　系统 (8.57) 的混沌抑制曲线阈值: (a)$\alpha = 0.6$; (b)$\alpha = 0.8$

图 8.20(a) 中, 对于每个固定阻尼 μ, 如果 Ω 变化, 当 f_p 取位于阈值曲线中间的区域的值时, 则系统 (8.42) 的同宿混沌将被抑制. 我们固定系统参数 $\alpha = 0.6$, $\omega = \Omega = 1.05$, $f = 0.82$, $\mu = 0.08$, 使得系统满足控制参数阈值曲线. 对应 Melnikov 函数 $M(\theta_0)$ 恒为负值. 则混沌运动被抑制, 呈现周期运动, 如图 8.21 所示, 图 8.22 是周期运动对应的时间历程图. 图 8.21(a) 和图 8.22(a) 中的控制参数取为 $f_p = 0.6$; 图 8.21(b) 和图 8.22(b) 中的控制参数取为 $f_p = 0.98$.

同理, 在图 8.20(b) 中, 对于每个固定阻尼 μ, 如果 Ω 变化时, 当 f_p 取位于阈值曲线中间的区域的值时, 则系统 (8.42) 的同宿混沌将被抑制. 取 $\alpha = 0.8$, $f = 0.6$, 其他参数不变, 可以得到类似的结论, 如图 8.23 和图 8.24 所示.

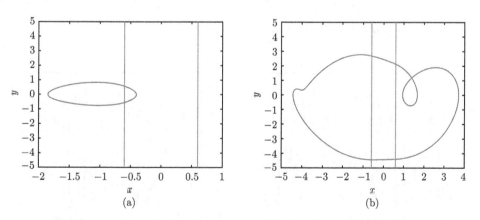

图 8.21　$\alpha = 0.6$ 时系统 (8.57) 的周期运动: (a)$f_p = 0.6$; (b)$f_p = 0.98$

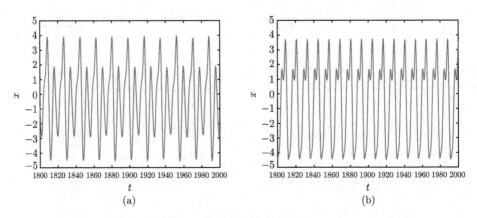

图 8.22　$\alpha = 0.6$ 时系统 (8.57) 的时间历程图: (a)$f_p = 0.6$; (b)$f_p = 0.98$

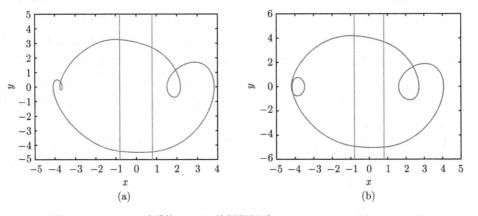

图 8.23　$\alpha = 0.8$ 时系统 (8.57) 的周期运动: (a) $f_p = 1.1$; (b) $f_p = 1.28$

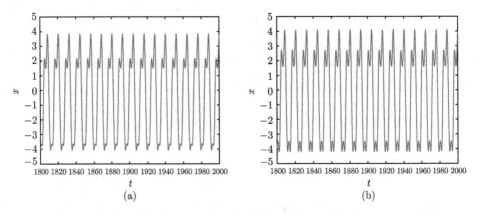

图 8.24　$\alpha = 0.8$ 时系统 (8.57) 的时间历程图: (a) $f_p = 1.1$; (b) $f_p = 1.28$

8.4 本章小结

本章以一类平面分段光滑振子为研究对象, 假设在没有阻尼和激励作用下的未扰系统中存在一个分段定义的同宿轨道横截穿过切换流形. 利用平面非光滑系统的 Melnikov 方法, 对具有阻尼和激励的扰动系统, 得到存在 Smale 马蹄意义下同宿混沌的参数阈值. 然后通过在系统中分别加入状态反馈控制、自适应控制和参数激励控制, 从而使非光滑系统的 Melnikov 函数恒为负值, 得到混沌抑制控制参数范围的充分条件. 最后, 我们利用所得到的混沌抑制定理, 通过具体的分段光滑系统, 结合数值模拟验证了非光滑系统的 Melnikov 方法在系统同宿混沌抑制中的有效性.

参 考 文 献

罗冠炜, 谢建华. 2004. 碰撞振动系统的周期运动和分岔[M]. 北京: 科学出版社.

Aizerman M A, Pyatnitskii E S. 1974a. Foundation of a theory of discontinuous systems. I[J]. Automatic and Remote Control, 35: 1066-1079.

Aizerman M A, Pyatnitskii E S. 1974b. Foundation of a theory of discontinuous systems. II[J]. Automatic and Remote Control, 35: 1242-1262.

Andronov A A, Khaikin S E. Vitt A A. 1965. Theory of Oscillators[M]. Oxford: Pergamon Press.

Arnold V I. 1964. Instability of dynamical systems with many degrees of freedom[J]. Soviet Mathematics Doklady, 5: 581-585.

Awrejcewicz J, Holicke M M. 2007. Smooth and Nonsmooth High Dimensional Chaos and the Melnikov-Type Methods[M]. Singapore: World Scientific.

Battelli F, Fečkan M. 2008. Homoclinic trajectories in discontinuous systems[J]. Journal of Dynamics and Differential Equations, 20(2): 337-376.

Battelli F, Fečkan M. 2010. Bifurcation and chaos near sliding homoclinics[J]. Journal of Differential Equations, 248(9): 2227-2262.

Battelli F, Fečkan M. 2011. On the chaotic behaviour of discontinuous systems[J]. Journal of Dynamics and Differential Equations, 23: 495-540.

Battelli F, Fečkan M. 2012. Nonsmooth homoclinic orbits, Melnikov functions and chaos in discontinuous systems[J]. Physica D: Nonlinear Phenomena, 241(22): 1962-1975.

Bertozzi A L. 1988. Heteroclinic orbits and chaotic dynamics in planar fluid flows[J]. SIAM Journal on Mathematical Analysis, 19(6): 1271-1294.

Braiman Y, Goldhirsch I. 1911. Taming chaotic dynamics with weak periodic perturbations[J]. Physical Review Letters, 66(20): 2545-2548.

Brogliato B. 1999. Nonsmooth Mechanics-Models, Dynamics and Control[M]. New York : Springer-Verlag.

Cao Q J, Wiercigroch M, Pavlovskaia E E, et al. 2006. Archetypal oscillator for smooth and discontinuous dynamics[J]. Physical Review E, 74(4): 046218.

Cao Q J, Wiercigroch M, Pavlovskaia E E, et al. 2008. Piecewise linear approach to an archetypal oscillator for smooth and discontinuous dynamics[J]. Philosophical Transactions of the Royal Society, 366: 635-652.

Chacón R. 1995. Suppression of chaos by selective resonant parametric perturbations[J]. Physical Review E, 51(1): 761-764.

Chacón R. 2005. Control of Homoclinic Chaos by Weak Periodic Perturbations[M]. Singapore: World Scientific.

Chacón R, Miralles J J, Martínez J A, et al. 2019. Taming chaos in damped driven systems by incommensurate excitations[J]. Communications in Nonlinear Science and Numerical Simulation, 73: 307-318.

Chen G, Yu X. 2003. Chaos Control: Theory and Applications[M]. Berlin: Springer.

De Paula A S, Savi M A. 2009. A multiparameter chaos control method based on OGY approach[J]. Chaos, Solitons Fractals, 40(3): 1376-1390.

Den Hartog J P. 1930. Forced vibrations with combined viscous and coulomb damping[J]. Philos Magazine, VII(9): 801-817.

Den Hartog J P. 1931. Forced vibrations with combined viscous and coulomb damping[J]. Transactions of the American Society of Mechanical Engineers, 53: 107-115.

Di Bernardo M, Budd C J, Champneys A R. 2001a. Corner collision implies bordercollision bifurcation[J]. Physica D: Nonlinear Phenomena, 154: 171-194.

Di Bernardo M, Budd C J. Champneys A R. 2001b. Grazing and border-collision in piecewise-smooth systems: a unified analytical framework[J]. Physical Review Letters, 86: 2553-2556.

Di Bernardo M, Budd C J, Champneys A R, Kowalczyk P. 2008. Piecewise-Smooth Dynamical Systems: Theory and Application[M]. London: Springer.

Di Bernardo M, Kowalczyk P, Nordmark A. 2002. Bifurcations of dynamical systems with sliding: derivation of normal-form mappings[J]. Physica D: Nonlinear Phenomena, 170: 175-205.

Du L, Zhao Y P, Lei Y M, et al. 2018. Suppression of chaos in a generalized Duffing oscillator with fractional-order deflection[J]. Nonlinear Dynamics, 92(4): 1921-1933.

Du Z D, Zhang W N. 2005. Melnikov method for homoclinic bifurcation in nonlinear impact oscillators[J]. Computers Mathematics with Applications, 50(3/4): 445-458.

Feigin M I. 1994. Forced Oscillations in Systems with Discontinuous Nonlinearities[M]. Moscow: Nauka[In Russian].

Filippov A F. 1964. Differential equations with discontinuous right-hand sides: mathematics and its applications[J]. American Mathematical Society Transactions, Series 2, 42: 199-231.

Filippov A F. 1988. Differential Equations with Discontinuous Right-Hand Sides: Mathematics and Its Applications[M]. Dordrecht: Kluwer Academic.

Gao J M, Du Z D. 2015. Homoclinic bifurcation in a quasiperiodically excited impact inverted pendulum[J]. Nonlinear Dynamics, 79: 1061-1074.

Goldman P, Muszynska A. 1994. Dynamic effects in mechanical structures with gaps and impacting: order and chaos[J]. Journal of Vibration and Acoustics, 116: 541-547.

Granados A, Hogan S J, Seara T M. 2012. The Melnikov method and subharmonic orbits in a piecewise-smooth system[J]. SIAM Journal on Applied Dynamical Systems, 11(3): 801-830.

Gritli H, Belghith S. 2017. Walking dynamics of the passive compass-gait model under OGY-based control: emergence of bifurcations and chaos[J]. Communications in Nonlinear Science and Numerical Simulation, 47: 308-327.

Guckenheimer J, Holmes P. 1983. Nonlinear Oscillations, Dynamical Systems and Bifurcations of Vector Fields[M]. New York: Springer.

Holmes P. 1979. A nonlinear oscillation with a strange attractor[J]. Philosophical Transactions of the Royal Society A, 292: 419-448.

Hu H Y. 1995. Detection of grazing orbits and incident bifurcations of a forced continuous, piecewise-linear oscillator[J]. Journal of Sound and Vibration, 187: 485-493.

Hübler A, Lüscher E. 1989. Resonant stimulation and control of nonlinear oscillators[J]. Naturwissenschaften, 76(2): 67-69.

Kukučka P. 2007. Melnikov method for discontinuous planar systems[J]. Nonlinear Analysis: Theory, Methods and Applications, 66(12): 2698-2719.

Kunze M. 2000. Non-smooth Dynamical Systems[M]. Berlin, Heidelberg: Springer-Verlag.

Lai S K, Wu B S, Lee Y Y. 2017. Free vibration analysis of a structural system with a pair of irrational nonlinearities[J]. Applied Mathematical Modelling, 45: 997-1007.

Leine R I, Nijmeijer H. 2004. Dynamics and Bifurcations in Non-Smooth Mechanical Systems[M]. Berlin, Heidelberg: Springer-Verlag.

Leine R I, Van Campen D H, Van de Vrande B L. 2000. Bifurcations in nonlinear discontinuous systems[J]. Nonlinear Dynamics, 23(2): 105-164.

Lenci S, Rega G. 2003. Optimal control of nonregular dynamics in a Duffing oscillator[J]. Nonlinear Dynamics, 33(1): 71-86.

Leung A Y T, Liu Z R. 2004. Some new methods to suppress chaos for a kind of nonlinear oscillator[J]. International Journal of Bifurcation and Chaos, 14(8): 2955-2961.

Leung A Y T, Liu Z R. 2004. Suppressing chaos for some nonlinear oscillators[J]. International Journal of Bifurcation and Chaos, 14(4): 1455-1465.

Li H Q, Liao X F, Huang J J, et al. 2015a. Diverting homoclinic chaos in a class of piecewise smooth oscillators to stable periodic orbits using small parametrical perturbations[J]. Neurocomputing, 149: 1587-1595.

Li S B, Gong X J, Zhang W, et al. 2017. The Melnikov method for detecting chaotic dynamics in a planar hybrid piecewise-smooth system with a switching manifold[J]. Nonlinear Dynamics, 89(2): 939-953.

Li S B, Ma W S, Zhang W, Hao Y X. 2016a. Melnikov method for a class of planar hybrid piecewise-smooth systems[J]. International Journal of Bifurcation and Chaos, 26: 1650030.

Li S B, Ma X X, Bian X L, et al. 2020. Suppressing homoclinic chaos for a weak periodically excited non-smooth oscillator[J]. Nonlinear Dynamics, 99(2): 1621-1642.

Li S B, Shen C, Zhang W, et al. 2015b. Homoclinic bifurcations and chaotic dynamics for a piecewise linear system under a periodic excitation and a viscous damping[J]. Nonlinear Dynamics, 79(4): 2395-2406.

Li S B, Shen C, Zhang W, et al. 2016b. The Melnikov method of heteroclinic orbits for a class of planar hybrid piecewise-smooth systems and application[J]. Nonlinear Dynamics. 85: 1091-1104.

Li S B, Wang T T, Bian X L. 2021a. Global dynamics for a class of new bistable nonlinear oscillators with bilateral elastic collisions[J]. International Journal of Dynamics and Control, 9: 885-900.

Li S B, Wu H L, Zhou X X, et al. 2021b. Theoretical and experimental studies of global dynamics for a class of bistable nonlinear impact oscillators with bilateral rigid constraints. International Journal of Non-Linear Mechanics, 133: 103720.

Li S B, Zhang W, Hao Y. 2014. Melnikov-type method for a class of discontinuous planar systems and applications[J]. International Journal of Bifurcation and Chaos, 24(2): 1450022.

Li S B, Zhao S B. 2019. The analytical method of studying subharmonic periodic orbits for planar piecewise-smooth systems with two switching manifolds[J]. International Journal of Dynamics and Control, 7(1): 23-35.

Lima R, Pettini M. 1990. Suppression of chaos by resonant parametric perturbations[J]. Physical Review A, 41(2): 726-733.

Martínez P J, Euzzor S, Gallas J A C, et al. 2017. Identification of minimal parameters for optimal suppression of chaos in dissipative driven systems[J]. Scientific Reports, 7(1): 1-7.

Melnikov V K. 1963. On the stability of the center for time-periodic perturbation[J]. Math. Proc. Moscow Math. Soc., 12: 1-57.

Meucci R, Euzzor S, Pugliese E, et al. 2016. Optimal phase-control strategy for damped-driven Duffing oscillators[J]. Physical Review Letters, 116(4): 044101.

Meucci R, Gadomski W, Ciofini M, et al. 1994. Experimental control of chaos by means of weak parametric perturbations[J]. Physical Review E, 49(4): R2528.

Nordmark A B. 1991. Non-periodic motion caused by grazing incidence in an impact oscillator[J]. Journal of Sound and Vibration, 145(2): 279-297.

Osipov G V, Kozlov A K, Shalfeev V D. 1998. Impulse control of chaos in continuous systems[J]. Physics Letters A, 247(1/2): 119-128.

Ott E, Grebogi C, Yorke J A. 1990. Controlling chaos[J]. Physical Review Letters, 64(11): 11961199.

Parthasarathy S, Sinha S. 1995. Controlling chaos in unidimensional maps using constant feedback[J]. Physical Review E, 51(6): 6239-6242.

Popp K, Stelter P. 1990. Nonlinear Oscillations of Structures Induced by Dry Friction[M] Berlin, Heidelberg: Springer: 233-240.

Pyragas K. 1995. Control of chaos via extended delay feedback[J]. Physics letters A, 206(5/6): 323-330.

Qu Z, Hu G, Yang G, et al. 1995. Phase effect in taming nonautonomous chaos by weak harmonic perturbations[J]. Physical Review Letters, 74(10): 1736-1739.

Rajasekar S. 1993. Controlling of chaos by weak periodic perturbations in Duffing-van der Pol oscillator[J]. Pramana, 41(4): 295-309.

Shaw S W, Holmes P J. 1983. A periodically forced piecewise linear oscillator[J]. Journal of Sound and Vibration, 90(1): 129-155.

Shi L, Zou Y, Küpper T. 2013. Melnikov method and detection of chaos for non-smooth systems[J]. Acta Mathematicae Applicatae Sinica, English Series, 29(4): 881-896.

Tian R L, Wang T, Zhou Y F, et al. 2020. Heteroclinic chaotic threshold in a nonsmooth system with jump discontinuities[J]. International Journal of Bifurcation and Chaos, 30: 2050141.

Tian R L, Zhou Y F, Wang Y Z, et al. 2016a. Chaotic threshold for non-smooth system with multiple impulse effect[J]. Nonlinear Dynamics, 85: 1849-1863.

Tian R L, Zhou Y F, Zhang B L, et al. 2016b. Chaotic threshold for a class of impulsive differential system[J]. Nonlinear Dynamics, 83: 2229-2240.

Triana A J, Tang K S, Saad M. et al. 2010. Chaos control in Duffing system using impulsive parametric perturbations[J]. IEEE Transactions on Circuits and Systems II: Express Briefs, 57(4): 305-309.

Utikin V I. 1976. Variable structure systems with sliding modes[J]. IEEE Transactions on Automatic Control, AC-22: 212-222.

Wiggins S. 1988. Global Bifurcations and Chaos-Analytical Methods[M]. New York: Springer.

Xu W, Feng J Q, Rong H W. 2009. Melnikov's method for a general nonlinear vibroimpact oscillator[J]. Nonlinear Analysis: Theory, Methods Applications, 71: 418-426.

Yang J P, Jing Z J. 2009. Controlling chaos in a pendulum equation with ultrasubharmonic resonances[J]. Chaos, Solitons and Fractals, 42(2): 1214-1226.

Yang L, Liu Z R. 1998. An improvement and proof of OGY method[J]. Applied Mathematics and Mechanics, 19(1): 1-8.

Zhang Z D, Liu B B, Bi Q S. 2015. Non-smooth bifurcations on the bursting oscillations in a dynamic system with two timescales[J]. Nonlinear Dynamics, 79: 195-203.

Zhusubaliyev Z T, Mosekilde E. 2003. Bifurcations and Chaos in Piecewise-Smooth Dynamical Systems: Applications to Power Converters, Relay and Pulse-Width Modulated Control Systems, and Human Decision-Making Behavior[M]. Singapore: World Scientific.

附 录 A

$$\int_0^{T_c^+} (-2\mu(a_1 e^t - a_2 e^{-t})^2 + f_0(a_1 e^t - a_2 e^{-t})\cos(\omega(t + t_0 + jT)))dt$$

$$= \int_0^{T_c^+} (-2\mu a_1^2 e^{2t} - 2\mu a_2^2 e^{-2t} + 4\mu a_1 a_2)dt$$

$$+ \int_0^{T_c^+} a_1 f_0 e^t \cos(\omega(t + t_0 + jT)) - a_2 f_0 e^{-t} \cos(\omega(t + t_0 + jT))dt$$

$$= -\mu(a_1^2(e^{2T_c^+} - 1) - a_2^2(e^{-2T_c^+} - 1) - 4a_1 a_2 T_c^+)$$

$$+ \frac{f_0}{1 + \omega^2}\cos(\omega(t_0 + jT))(a_1[\cos(\omega T_c^+)e^{T_c^+} + \omega \sin(\omega T_c^+)e^{T_c^+} - 1]$$

$$- a_2[-\cos(\omega T_c^+)e^{-T_c^+} + \omega \sin(\omega T_c^+)e^{-T_c^+} + 1])$$

$$+ \frac{f_0}{1 + \omega^2}\sin(\omega(t_0 + jT))(-a_1[\sin(\omega T_c^+)e^{T_c^+} - \omega \cos(\omega T_c^+)e^{T_c^+} + \omega]$$

$$+ a_2[-\sin(\omega T_c^+)e^{-T_c^+} - \omega \cos(\omega T_c^+)e^{-T_c^+} + \omega])$$

$$= -\mu(2y_0\alpha + (y_0^2 - \alpha^2)T_c^+)$$

$$+ \frac{f_0}{1 + \omega^2}(\cos(\omega(t_0 + jT))[\alpha \cos(\omega T_c^+) + y_0\omega \sin(\omega T_c^+) + \alpha]$$

$$+ \sin(\omega(t_0 + jT))[-\alpha \sin(\omega T_c^+) + y_0\omega \cos(\omega T_c^+) - \omega y_0])$$

$$= -\mu(2y_0\alpha + (y_0^2 - \alpha^2)T_c^+)$$

$$+ \frac{f_0}{1 + \omega^2}(\alpha[\cos(\omega(t_0 + jT) + \omega T_c^+) + \cos(\omega(t_0 + jT))]$$

$$+ y_0\omega[\sin(\omega(t_0 + jT) + \omega T_c^+) - \sin(\omega(t_0 + jT))])$$

$$= -\mu(2y_0\alpha + (y_0^2 - \alpha^2)T_c^+)$$

$$+ \frac{2f_0}{1 + \omega^2}\cos\left(\omega(t_0 + jT) + \frac{\omega T_c^+}{2}\right)\left(\alpha \cos\frac{\omega T_c^+}{2} + y_0\omega \sin\frac{\omega T_c^+}{2}\right). \quad (1)$$

$$\int_{T_c^+}^{T_c^+ + T_r} -2\mu[-\alpha \sin(t - T_c^+) + y_0 \cos(t - T_c^+)]^2 dt$$

$$+ \int_{T_c^+}^{T_c^+ + T_r} f_0[-\alpha \sin(t - T_c^+) + y_0 \cos(t - T_c^+)] \cos(\omega(t + t_0 + jT)) dt$$

$$= \frac{\mu}{2}(\alpha^2 - y_0^2) \sin(2T_r) - \mu(\alpha^2 + y_0^2)T_r - \mu\alpha y_0 \cos(2T_r) + \mu\alpha y_0$$

$$+ \frac{\alpha f_0 \cos(\omega(t_0 + jT))}{2(1 + \omega)} (\cos[(1 + \omega)T_r + \omega T_c^+] - \cos(\omega T_c^+))$$

$$+ \frac{\alpha f_0 \cos(\omega(t_0 + jT))}{2(1 - \omega)} (\cos[(1 - \omega)T_r - \omega T_c^+] - \cos(\omega T_c^+))$$

$$- \frac{\alpha f_0 \sin(\omega(t_0 + jT))}{2(1 + \omega)} (\sin[(1 + \omega)T_r + \omega T_c^+] - \sin(\omega T_c^+))$$

$$+ \frac{\alpha f_0 \sin(\omega(t_0 + jT))}{2(1 - \omega)} (\sin[(1 - \omega)T_r - \omega T_c^+] + \sin(\omega T_c^+))$$

$$+ \frac{y_0 f_0 \cos(\omega(t_0 + jT))}{2(1 + \omega)} (\sin[(1 + \omega)T_r + \omega T_c^+] - \sin(\omega T_c^+))$$

$$+ \frac{y_0 f_0 \cos(\omega(t_0 + jT))}{2(1 - \omega)} (\sin[(1 - \omega)T_r - \omega T_c^+] + \sin(\omega T_c^+))$$

$$+ \frac{y_0 f_0 \sin(\omega(t_0 + jT))}{2(1 + \omega)} (\cos[(1 + \omega)T_r + \omega T_c^+] - \cos(\omega T_c^+))$$

$$- \frac{y_0 f_0 \sin(w(t_0 + jT))}{2(1 - \omega)} (\cos[(1 - \omega)T_r - \omega T_c^+] - \cos(\omega T_c^+))$$

$$+ \frac{\alpha f_0}{2(1 + \omega)} (\cos(\omega(t_0 + jT) + (1 + \omega)T_r + \omega T_c^+) - \cos(\omega(t_0 + jT) + \omega T_c^+))$$

$$+ \frac{\alpha f_0}{2(1 - \omega)} (\cos(\omega(t_0 + jT) - (1 - \omega)T_r + \omega T_c^+) - \cos(\omega(t_0 + jT) + \omega T_c^+))$$

$$+ \frac{y_0 f_0}{2(1 + \omega)} (\sin(\omega(t_0 + jT) + (1 + \omega)T_r + \omega T_c^+) - \sin(\omega(t_0 + jT) + \omega T_c^+))$$

$$- \frac{y_0 f_0}{2(1 - \omega)} (\sin(\omega(t_0 + jT) - (1 - \omega)T_r + \omega T_c^+) - \sin(\omega(t_0 + jT) + \omega T_c^+))$$

$$= -\mu(\alpha^2 + y_0^2)T_r + 2\mu\alpha y_0$$

$$+ \frac{\alpha f_0}{2} \cos(\omega(t_0 + jT))$$

$$\cdot \left(\frac{\cos[(1+\omega)T_r + \omega T_c^+] - \cos(\omega T_c^+)}{1+\omega} + \frac{\cos[(1-\omega)T_r - \omega T_c^+] - \cos(\omega T_c^+)}{1-\omega} \right)$$

$$+ \frac{\alpha f_0}{2} \sin(\omega(t_0 + jT))$$

$$\cdot \left(-\frac{\sin[(1+\omega)T_r + \omega T_c^+] - \sin(\omega T_c^+)}{1+\omega} + \frac{\sin[(1-\omega)T_r - \omega T_c^+] + \sin(\omega T_c^+)}{1-\omega} \right)$$

$$+ \frac{y_0 f_0}{2} \cos(\omega(t_0 + jT))$$

$$\cdot \left(\frac{\sin[(1+\omega)T_r + \omega T_c^+] - \sin(\omega T_c^+)}{1+\omega} + \frac{\sin[(1-\omega)T_r - \omega T_c^+] + \sin(\omega T_c^+)}{1-\omega} \right)$$

$$+ \frac{y_0 f_0}{2} \sin(\omega(t_0 + jT))$$

$$\cdot \left(\frac{\cos[(1+\omega)T_r + \omega T_c^+] - \cos(\omega T_c^+)}{1+\omega} - \frac{\cos[(1-\omega)T_r - \omega T_c^+] - \cos(\omega T_c^+)}{1-\omega} \right)$$

$$= -\mu(\alpha^2 + y_0^2)T_r + 2\mu\alpha y_0$$

$$- \frac{\alpha f_0}{(1+\omega)} \sin\left(\omega(t_0 + jT) + \omega T_c^+ + \frac{(1+\omega)T_r}{2} \right) \sin\frac{(1+\omega)T_r}{2}$$

$$+ \frac{\alpha f_0}{(1-\omega)} \sin\left(\omega(t_0 + jT) + \omega T_c^+ - \frac{(1-\omega)T_r}{2} \right) \sin\frac{(1-\omega)T_r}{2}$$

$$+ \frac{y_0 f_0}{(1+\omega)} \cos\left(\omega(t_0 + jT) + \omega T_c^+ + \frac{(1+\omega)T_r}{2} \right) \sin\frac{(1+\omega)T_r}{2}$$

$$+ \frac{y_0 f_0}{(1-\omega)} \cos\left(\omega(t_0 + jT) + \omega T_c^+ - \frac{(1-\omega)T_r}{2} \right) \sin\frac{(1-\omega)T_r}{2}. \tag{2}$$

$$\int_{T_c^+ + T_r}^{2T_c^+ + T_r} -2\mu(-a_1 e^{t - T_c^+ - T_r} + a_2 e^{-t + T_c^+ + T_r})^2 dt$$

$$+ \int_{T_c^+ + T_r}^{2T_c^+ + T_r} f_0(-a_1 e^{t - T_c^+ - T_r} + a_2 e^{-t + T_c^+ + T_r}) \cos(\omega(t + t_0 + jT)) dt$$

$$= -\mu a_1^2 (e^{2T_c^+} - 1) + \mu a_2^2 (e^{-2T_c^+} - 1) + 4\mu a_1 a_2 T_c^+$$

$$-\frac{a_1 f_0 \cos(\omega(t_0 + jT))}{1 + \omega^2}(\cos(\omega(2T_c^+ + T_r))e^{T_c^+} - \cos(\omega(T_c^+ + T_r))$$

$$+ \omega \sin(\omega(2T_c^+ + T_r))e^{T_c^+} - \omega \sin(\omega(T_c^+ + T_r)))$$

$$+\frac{a_1 f_0 \sin(\omega(t_0 + jT))}{1 + \omega^2}(\sin(\omega(2T_c^+ + T_r))e^{T_c^+} - \sin(\omega(T_c^+ + T_r))$$

$$- \omega \cos(\omega(2T_c^+ + T_r))e^{T_c^+} + \omega \cos(\omega(T_c^+ + T_r)))$$

$$+\frac{a_2 f_0 \cos(\omega(t_0 + jT))}{1 + \omega^2}(- \cos(\omega(2T_c^+ + T_r))e^{-T_c^+} + \cos(\omega(T_c^+ + T_r))$$

$$+ \omega \sin(\omega(2T_c^+ + T_r))e^{-T_c^+} - \omega \sin(\omega(T_c^+ + T_r)))$$

$$-\frac{a_2 f_0 \sin(\omega(t_0 + jT))}{1 + \omega^2}(- \sin(\omega(2T_c^+ + T_r))e^{-T_c^+} + \sin(\omega(T_c^+ + T_r))$$

$$- \omega \cos(\omega(2T_c^+ + T_r))e^{-T_c^+} + \omega \cos(\omega(T_c^+ + T_r)))$$

$$= - \mu(2y_0 \alpha + (y_0^2 - \alpha^2)T_c^+)$$

$$+\frac{f_0}{1 + \omega^2} \cos(\omega(t_0 + jT))(-\alpha[\cos(\omega(2T_c^+ + T_r)) + \cos(\omega(T_c^+ + T_r))]$$

$$- y_0 \omega[\sin(\omega(2T_c^+ + T_r)) - \sin(\omega(T_c^+ + T_r))])$$

$$+\frac{f_0}{1 + \omega^2} \sin(\omega(t_0 + jT))(\alpha[\sin(\omega(2T_c^+ + T_r)) + \sin(\omega(T_c^+ + T_r))]$$

$$- y_0 \omega[\cos(\omega(2T_c^+ + T_r)) - \cos(\omega(T_c^+ + T_r))])$$

$$= - \mu(2y_0 \alpha + (y_0^2 - \alpha^2)T_c^+)$$

$$+\frac{f_0}{1 + \omega^2}[-\alpha(\cos(\omega(t_0 + jT + 2T_c^+ + T_r)) + \cos(\omega(t_0 + jT + T_c^+ + T_r)))$$

$$- \omega y_0(\sin(\omega(t_0 + jT + 2T_c^+ + T_r)) - \sin(\omega(t_0 + jT + T_c^+ + T_r)))]$$

$$= - \mu(2y_0 \alpha + (y_0^2 - \alpha^2)T_c^+)$$

$$- \frac{2f_0}{1 + \omega^2} \cos\left(\omega(t_0 + jT) + \frac{\omega(T + T_c^+)}{2}\right)\left[\alpha \cos\frac{\omega T_c^+}{2} + \omega y_0 \sin\frac{\omega T_c^+}{2}\right]. \quad (3)$$

$$\int_{2T_c^+ + T_r}^{T} -2\mu(\alpha \sin(t - 2T_c^+ - T_r) - y_0 \cos(t - 2T_c^+ - T_r))^2$$

$$+ \int_{2T_c^+ + T_r}^{T} f_0[\alpha \sin(t - 2T_c^+ - T_r) - y_0 \cos(t - 2T_c^+ - T_r)] \cos(w(t + t_0 + jT)) dt$$

$$= \frac{\mu}{2}(\alpha^2 - y_0^2)\sin(2T_r) - \mu(\alpha^2 + y_0^2)T_r - \mu\alpha y_0 \cos(2T_r) + \mu\alpha y_0$$

$$- \frac{\alpha f_0 \cos(\omega(t_0 + jT))}{2(1 + \omega)}(\cos(T_r + \omega T) - \cos[\omega(2T_c^+ + T_r)])$$

$$- \frac{\alpha f_0 \cos(\omega(t_0 + jT))}{2(1 - \omega)}(\cos(T_r - \omega T) - \cos(\omega(2T_c^+ + T_r)))$$

$$- \frac{\alpha f_0 \sin(\omega(t_0 + jT))}{2(1 - \omega)}(\sin(T_r - \omega T) + \sin[\omega(2T_c^+ + T_r)])$$

$$+ \frac{\alpha f_0 \sin(\omega(t_0 + jT))}{2(1 + \omega)}(\sin[T_r + \omega T] - \sin[\omega(2T_c^+ + T_r)])$$

$$- \frac{y_0 f_0 \cos(\omega(t_0 + jT))}{2(1 + \omega)}(\sin[T_r + \omega T] - \sin[\omega(2T_c^+ + T_r)])$$

$$- \frac{y_0 f_0 \cos(\omega(t_0 + jT))}{2(1 - \omega)}(\sin[T_r - \omega T] + \sin[\omega(2T_c^+ + T_r)])$$

$$+ \frac{y_0 f_0 \sin(\omega(t_0 + jT))}{2(1 - \omega)}(\cos[T_r - \omega T] - \cos[\omega(2T_c^+ + T_r)])$$

$$- \frac{y_0 f_0 \sin(\omega(t_0 + jT))}{2(1 + \omega)}(\cos[T_r + \omega T] - \cos[\omega(2T_c^+ + T_r)])$$

$$= - \mu(\alpha^2 + y_0^2)T_r + 2\mu\alpha y_0$$

$$- \frac{\alpha f_0}{2}\cos(\omega(t_0 + jT))$$

$$\cdot \left(\frac{\cos(T_r + \omega T) - \cos[\omega(2T_c^+ + T_r)]}{1 + \omega} + \frac{\cos(T_r - \omega T) - \cos[\omega(2T_c^+ + T_r)]}{1 - \omega} \right)$$

$$- \frac{\alpha f_0}{2}\sin(\omega(t_0 + jT))$$

$$\cdot \left(\frac{\sin(T_r - \omega T) + \sin[\omega(2T_c^+ + T_r)]}{1 - \omega} - \frac{\sin(T_r + \omega T) - \sin[\omega(2T_c^+ + T_r)]}{1 + \omega} \right)$$

$$- \frac{y_0 f_0}{2}\cos(\omega(t_0 + jT))$$

$$\cdot \left(\frac{\sin[T_r + \omega T] - \sin[\omega(2T_c^+ + T_r)]}{1+\omega} + \frac{\sin[T_r - \omega T] + \sin[\omega(2T_c^+ + T_r)]}{1-\omega} \right)$$

$$+ \frac{y_0 f_0}{2} \sin(\omega(t_0 + jT))$$

$$\cdot \left(\frac{\cos[T_r - \omega T] - \cos[\omega(2T_c^+ + T_r)]}{1-\omega} - \frac{\cos[T_r + \omega T] - \cos[\omega(2T_c^+ + T_r)]}{1+\omega} \right)$$

$$= - \mu(\alpha^2 + y_0^2)T_r + 2\mu\alpha y_0$$

$$- \frac{\alpha f_0}{2(1+\omega)}(\cos(\omega(t_0 + jT) + T_r + \omega T) - \cos[\omega(t_0 + jT) + \omega(2T_c^+ + T_r)])$$

$$- \frac{\alpha f_0}{2(1-\omega)}(\cos(\omega(t_0 + jT) - T_r + \omega T) - \cos[\omega(t_0 + jT) + \omega(2T_c^+ + T_r)])$$

$$- \frac{y_0 f_0}{2(1+\omega)}(\sin(\omega(t_0 + jT) + T_r + \omega T) - \sin[\omega(t_0 + jT) + \omega(2T_c^+ + T_r)])$$

$$+ \frac{y_0 f_0}{2(1-\omega)}(\sin(\omega(t_0 + jT) - T_r + \omega T) - \sin[\omega(t_0 + jT) + \omega(2T_c^+ + T_r)])$$

$$= - \mu(\alpha^2 + y_0^2)T_r + 2\mu\alpha y_0$$

$$+ \frac{\alpha f_0}{(1+\omega)} \sin\left(\omega(t_0 + jT) + \omega T + \frac{(1-\omega)T_r}{2}\right) \sin\frac{(1+\omega)T_r}{2}$$

$$- \frac{\alpha f_0}{(1-\omega)} \sin\left(\omega(t_0 + jT) + \omega T - \frac{(1+\omega)T_r}{2}\right) \sin\frac{(1-\omega)T_r}{2}$$

$$- \frac{y_0 f_0}{(1+\omega)} \cos\left(\omega(t_0 + jT) + \omega T + \frac{(1-\omega)T_r}{2}\right) \sin\frac{(1+\omega)T_r}{2}$$

$$- \frac{y_0 f_0}{(1-\omega)} \cos\left(\omega(t_0 + jT) + \omega T - \frac{(1+\omega)T_r}{2}\right) \sin\frac{(1-\omega)T_r}{2}. \tag{4}$$

附 录 B

系统 (7.24) 的未扰动系统的 Hamilton 方程为

$$
\begin{aligned}
H(x,y) &= \frac{1}{2}y^2 + V(x) \\
&= \frac{1}{2}y^2 + x^2 - 2\sqrt{x^2 + \beta^2} + 2\beta.
\end{aligned}
\tag{5}
$$

由 $H(x,y) = H(0,0)$, 可以得到

$$
y^2 = -2x^2 + 4\sqrt{x^2 + \beta^2} - 4\beta,
$$

即

$$
y = \pm\sqrt{-2x^2 + 4\sqrt{x^2 + \beta^2} - 4\beta}.
\tag{6}
$$

将 $x(\pm T) = a$ 代入上式, 得

$$
y(\pm T) = \pm\sqrt{-2a^2 + 4\sqrt{a^2 + \beta^2} - 4\beta}.
$$

一阶 Melnikov 函数 (7.19) 可改写为

$$
\begin{aligned}
M(\tau_0) =& -\rho\big[V(0) - V(a)\big] \\
&+ \int_{-\infty}^{-T}\big[-\delta y^2(\tau) + y(\tau)F\cos(\Omega(\tau + \tau_0 + T))\big]d\tau \\
&+ \int_{T}^{+\infty}\big[-\delta y^2(\tau) + y(\tau)F\cos(\Omega(\tau + \tau_0 - T))\big]d\tau \\
=& -\rho\big[V(0) - V(a)\big] + (-\delta)\bigg[\int_{-\infty}^{-T}y^2(\tau)d\tau + \int_{T}^{+\infty}y^2(\tau)d\tau\bigg] \\
&+ F\bigg[\int_{-\infty}^{-T}\big[y(\tau)\cos(\Omega(\tau + \tau_0 + T))\big]d\tau \\
&+ \int_{T}^{+\infty}\big[y(\tau)\cos(\Omega(\tau + \tau_0 - T))\big]d\tau\bigg].
\end{aligned}
\tag{7}
$$

记

$$I_1 = \int_{-\infty}^{-T} y^2(\tau)d\tau + \int_{T}^{+\infty} y^2(\tau)d\tau,$$

$$I_2 = \underbrace{\int_{-\infty}^{-T} y(\tau)\cos(\Omega(\tau+\tau_0+T))d\tau}_{I_{21}} + \underbrace{\int_{T}^{\infty} y(\tau)\cos(\Omega(\tau+\tau_0-T))d\tau}_{I_{22}}.$$

则式 (7) 简写为

$$M(\tau_0) = -\rho\big[V(0)-V(a)\big] - \delta I_1 + F I_2, \tag{8}$$

式中

$$I_1 = \int_{-\infty}^{-T} y(\tau)\cdot\dot{x}(\tau)d\tau + \int_{T}^{+\infty} y(\tau)\cdot\dot{x}(\tau)d\tau$$

$$= \int_0^a ydx + \int_a^0 ydx$$

$$= 2\int_0^a \sqrt{-2x^2+4\sqrt{x^2+\beta^2}-4\beta}\,dx. \tag{9}$$

由于

$$\cos(\Omega(\tau+\tau_0-T)) = \cos(\Omega\tau)\cos(\Omega(\tau_0-T)) - \sin(\Omega\tau)\sin(\Omega(\tau_0-T)),$$

$$\cos(\Omega(\tau+\tau_0+T)) = \cos(\Omega\tau)\cos(\Omega(\tau_0+T)) - \sin(\Omega\tau)\sin(\Omega(\tau_0+T)),$$

所以 I_{21} 可变形为

$$I_{21} = \int_{-\infty}^{-T} y(\tau)\left[\cos(\Omega\tau)\cos(\Omega(\tau_0+T)) - \sin(\Omega\tau)\sin(\Omega(\tau_0+T))\right]d\tau$$

$$= \cos(\Omega(\tau_0+T))\int_{-\infty}^{-T} y(\tau)\cos(\Omega\tau)d\tau - \sin(\Omega(\tau_0+T))\int_{-\infty}^{-T} y(\tau)\sin(\Omega\tau)d\tau$$

$$= \cos(\Omega(\tau_0+T))\int_{-\infty}^{-T} \cos(\Omega\tau)dx(\tau) - \sin(\Omega(\tau_0+T))\int_{-\infty}^{-T} \sin(\Omega\tau)dx(\tau)$$

$$= \cos(\Omega(\tau_0+T))\int_0^a \cos(\Omega\tau)dx - \sin(\Omega(\tau_0+T))\int_0^a \sin(\Omega\tau)dx. \tag{10}$$

由

$$y = \frac{dx}{d\tau} = \sqrt{-2x^2+4\sqrt{x^2+\beta^2}-4\beta},$$

即

$$d\tau = \frac{1}{\sqrt{-2x^2 + 4\sqrt{x^2 + \beta^2} - 4\beta}} dx,$$

两边同时积分, 得

$$\int_{-T}^{\tau} d\tau = \tau + T = \int_{a}^{x} \frac{1}{\sqrt{-2x^2 + 4\sqrt{x^2 + \beta^2} - 4\beta}} dx,$$

$$\tau = -T + \int_{a}^{x} \frac{1}{\sqrt{-2x^2 + 4\sqrt{x^2 + \beta^2} - 4\beta}} dx. \tag{11}$$

将式 (11) 代入 (10), 可得 I_{21} 的表达式为

$$I_{21} = \cos(\Omega(\tau_0 + T)) \int_{0}^{a} \cos\left(\Omega\left(-T + \int_{a}^{x} \frac{1}{\sqrt{-2s^2 + 4\sqrt{s^2 + \beta^2} - 4\beta}} ds\right)\right) dx$$

$$- \sin(\Omega(\tau_0 + T)) \int_{0}^{a} \sin\left(\Omega\left(-T + \int_{a}^{x} \frac{1}{\sqrt{-2s^2 + 4\sqrt{s^2 + \beta^2} - 4\beta}} ds\right)\right) dx. \tag{12}$$

同理可得 I_{22} 的表达式为

$$I_{22} = \cos(\Omega(\tau_0 - T)) \int_{a}^{0} \cos\left(\Omega\left(T - \int_{a}^{x} \frac{1}{\sqrt{-2s^2 + 4\sqrt{s^2 + \beta^2} - 4\beta}} ds\right)\right) dx$$

$$- \sin(\Omega(\tau_0 - T)) \int_{a}^{0} \sin\left(\Omega\left(T - \int_{a}^{x} \frac{1}{\sqrt{-2s^2 + 4\sqrt{s^2 + \beta^2} - 4\beta}} ds\right)\right) dx. \tag{13}$$

综上, I_2 的表达式为

$$I_2 = 2\sin(\Omega\tau_0)\cos(2\Omega T) \int_{0}^{a} \sin\left(\Omega\int_{a}^{x} \frac{1}{\sqrt{-2s^2 + 4\sqrt{s^2 + \beta^2} - 4\beta}} ds\right) dx. \tag{14}$$

令

$$I_3 = 2\cos(2\Omega T) \int_{0}^{a} \sin\left(\left(\Omega\int_{a}^{x} \frac{1}{\sqrt{-2s^2 + 4\sqrt{s^2 + \beta^2} - 4\beta}} ds\right)\right) dx,$$

则 $I_2 = I_3\sin(\Omega\tau_0)$. 所以一阶 Melnikov 函数为

$$M(\tau_0) = -\rho[V(0) - V(a)] - \delta I_1 + I_3 F\sin(\Omega\tau_0). \tag{15}$$

"非线性动力学丛书"已出版书目

（按出版时间排序）

彩　　图

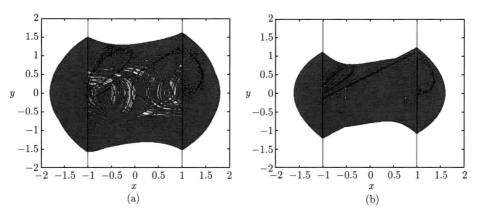

图 5.8　混沌运动: (a) $\mu = 0.75, f_0 = 1.3$; (b) $\mu = 1.08, f_0 = 1.5$

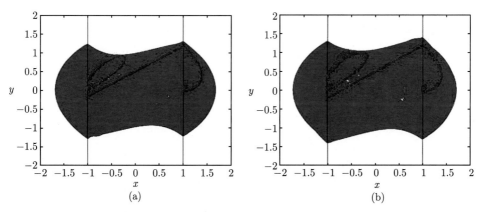

图 5.9　混沌运动: (a) $f_0 = 1.25, \Omega = 0.92$; (b) $f_0 = 1.05, \Omega = 0.85$

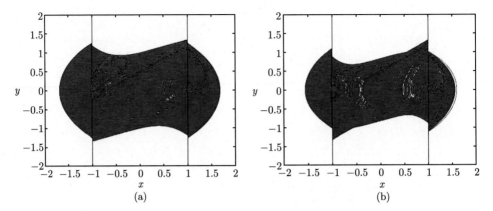

图 5.10　碰撞下的混沌运动: (a) $\rho_0 = 0.05$; (b) $\rho_0 = 0.35$

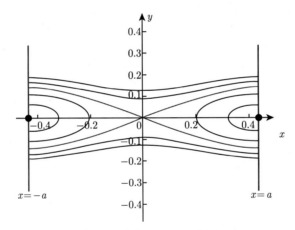

图 7.4　系统 (7.22) 的相图

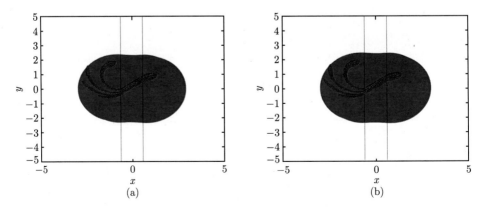

图 8.6　$\alpha = 0.6$ 时系统 (8.42) 的混沌吸引子: (a) $\mu = 0.01$; (b) $\mu = 0.08$

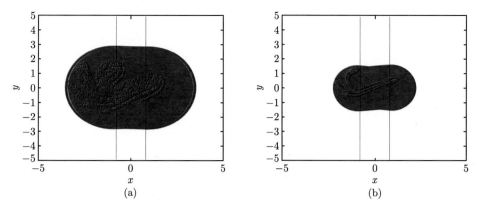

图 8.8　$\alpha = 0.8$ 时系统 (8.42) 的混沌吸引子: (a) $\mu = 0.01$; (b) $\mu = 0.08$